自作した機器で交信しよう！

移動運用をもっと楽しむための製作集

★★★★★★★★★★★★ CQ ham radio編集部 [編] ★★★★★★★★★★★★

CQ出版社

アクティブ・ハムライフ・シリーズ

はじめに

　移動運用の楽しみ方はいろいろあります．ハンディ機1台から八木アンテナを何本も上げるような大がかりなものまで，そのスタイルはそれぞれです．

　移動運用に使うアンテナや周辺機器には，素晴らしい専用の市販品も多いのですが，自分にスタイルに合っているものばかりが手に入るとは限りません．使いづらいのを我慢するのも一つの方法ですが，やっぱり気持ちのいい運用をしたいものです．そこで，自分に合ったものを作ることを提案します．

　本書では，いろいろな周辺機器やアンテナの自作例を紹介しています．市販されていない機器やアンテナも紹介しているので，ぜひ製作して移動運用に役立ててみてください．

　自分で作った機器を使って交信できたときの気分は最高です．作る楽しみと交信する楽しみを，ぜひ味わってみてください．きっと自分のレベルアップを実感し，もっとアマチュア無線が楽しくなると思います．

2012年4月　CQ ham radio編集部

自作した機器で交信しよう！
移動運用をもっと楽しむための製作集

Contents

6　Chapter 01　移動運用に便利な周辺機器の製作

　　　　　　　CW運用の便利グッズ
6　　1-1　4チャネル・メモリー・キーヤー「OIKey-F88」の製作と移動運用

　　　　　　　SSBやFMでの運用に重宝する
19　　1-2　CQマシン キャリブレーション「IAT CQM6」の製作

　　　　　　　小型軽量で持ち運びが便利
32　　1-3　寺子屋シリーズのSWRメータ・キットの製作

41　　Column 01　パーツの数値の読み方と極性

42　Chapter 02　移動運用のためのアンテナ製作集

　　　　　　　モービル基台に直接つなぐ
42　　2-1　7MHz用釣り竿アンテナの製作

　　　　　　　ロング・ワイヤアンテナに対応する
57　　2-2　3.5～50MHz対応のFT-817専用チューナの製作

　　　　　　　出力0.2～5Wで測定が可能
64　　2-3　チューナの調整専用簡易型SWR計の製作

　　　　　　　車から簡単にアースを確保
70　　2-4　アース・マットの製作

　　　　　　　簡単に作れてよく飛ぶ
75　　2-5　移動用フルサイズV型ダイポール

　　　　　　　QRP移動用
79　　2-6　430MHz帯用4エレメントHヘンテナの製作

　　　　　　　50MHz移動運用の定番
86　　2-7　ヘンテナの製作

		お手軽移動運用に便利
89	2-8	カメラ用三脚アダプタ

91	Column 02　製作にあると便利な工具

92　Chapter 03　電源に関する製作集

		秋月のキットを使用した
92	3-1	小型シール鉛蓄電池用充電器の製作
		12Vのバッテリを13.8Vに
102	3-2	昇圧型電源の製作
		秋月のキットで
111	3-3	デジタル電圧計を作る

101	Column 03　FT-817用単3ニッケル水素電池11本パックの製作

120　Chapter 04　車を有効に使うための製作集

		ACC連動でバッテリ上がりを防ぐ
120	4-1	モービル局の電源配線
		移動運用や非常時に役立つ
127	4-2	サブバッテリ・システムの構築
		車の省エネとノイズの軽減が期待できる
136	4-3	電源強化安定化装置の製作

140	Column 04　移動運用専用ログシートの製作

142	Index

Chapter 01

移動運用に便利な周辺機器の製作

1-1 CW運用の便利グッズ　4チャネル・メモリー・キーヤー「OlKey-F88」の製作と移動運用

　メモリー・キーヤーは，CWでの移動運用にとても便利な周辺機器．正確な符号でCQなどの定型文を送出してくれる優れものです．キットのメモリー・キーヤーを製作し，移動運用に使い勝手が良いように改造してみました．

■ 移動先でのCW運用には苦労がつきもの！？

　移動運用の際のCW運用は大変です．「CQ CQ CQ DE JI1SAI/1 JI1SAI/1 JCC 1220 PSE K」．まだまだ聞き取りに不安の残る筆者は，正確に符号を送り出すことに集中し，かつコールサインを正確に聞き取る（書き取る）ために瞬時に頭を切り替える…，という流れに結構疲れてしまいます．なかなかCQに気づいてもらえないこともあり，何度も同じ符号を叩いていると符号も乱れてきます（**写真1-1-1**）．

　そこで登場する便利グッズが，登録した定型メッセージを送出できるメモリー・キーヤーです．メモリに記録させた符号を正確に送り出してくれるので，コールバックに集中でき，気持ちにゆとりが生まれます，hi．

■ キットを製作

　メモリー・キーヤーには市販品もありますが，それなりに高価なものです．そこで，アマチュア無線家らしくキットを製作することにしました．
　製作するのは，マルツパーツ館から発売されている「4チャネル・メモリキーヤーを作ろう　製

「4チャネル・メモリキーヤーを作ろう」
製作部品セット 基板付
価格 2,580円（税込み，送料別）
● キットの発売元
マルツパーツ館
http://www.marutsu.co.jp/user/index.php
TEL 0776-22-0504

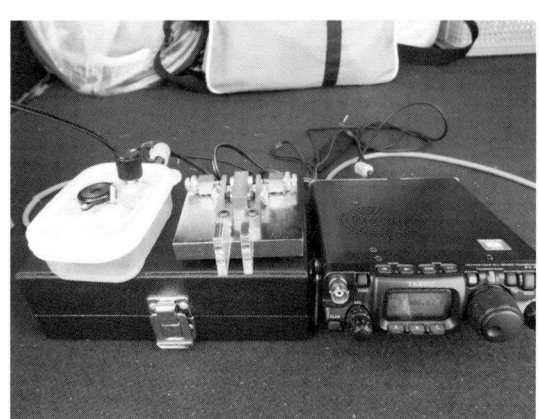

写真1-1-1　悪戦苦闘していた移動運用での自作キーヤーとパドル

Chapter 01　移動運用に便利な周辺機器の製作

作部品セット 基板付」というキットです（**写真 1-1-2**）．CQ ham radio 2008 年 6 月号の付録基板のものと同じなので，ご存じの方も多いのではないかと思います．

■ 4 チャネル・メモリー・キーヤー「OlKey-F88」の特徴

このメモリー・キーヤーは，ワンチップ・マイコン PIC16F88 を使用しています．再現性は高く，調整や測定器などは必要ありません．どなたでも完成させることができて，すぐに楽しめる FB なキットです．

基本機能としては，次のようなものがあります．

・**通常のエレクトロニック・キーヤー**

キーヤーの送信速度を無段階に設定可能です．文字のスピードはボリュームで変更できるので，相手局のスピードに簡単に合わせられます．

・**4 チャネルのメモリを内蔵**

各チャネルのメモリは不揮発性で，電源を切ってもデータは消えません．長い電文も登録可能です．

・**メッセージの繰り返し機能付き**

連続で CQ が出せます．

・**使用する電源を組み立て時に選択が可能**

単 3 電池 3 本での運用か DC 12V などの外部電源を組み立て時に選べます．コンピュータの USB 端子から電源を供給したり（USB から電源を取る変換ケーブルが売られています），006P 乾電池を使ってコンパクトに仕上げることも可能です．

・**CW の聞き取り練習が可能**

コールサインをランダムに自動生成して発信する機能があるので，受信練習もできます．

■ 製作のコンセプト

キットの製作を次のようなコンセプトで進めていきます．

・**なるべくキットに手を加えない**
・**電源は乾電池で**
・**もちろん，なるべくコストもかけない**
・**使い込んでから，自分なりの使いやすさに改造する**

まずはシンプルに組み上げて，実際の移動運用で使ってみます．移動運用に持ち歩く中で，自分なりの形を見つけ出してモディファイするのも，自作やキットの楽しみです．そんな自由度も楽しみたいと思います．

■ 製作開始

キットの内容は，**写真 1-1-3** のとおりです．マニュアルとして部品リスト，取扱説明書，組立説明書の 3 セット（**写真 1-1-4**）が付属しています．必要な工具は，はんだごて，はんだ，ニッパ程度で十分です．さらにテスタがあると，抵抗値の確認や導通チェックができるので便利です（**写真 1-1-5**）．

最初に，部品リストに基づいて同封されている部品の過不足のチェックを行います．その際，仕

写真 1-1-2　購入したキットの外袋（右）
左は付録に基板がついていた CQ ham radio 2008 年 6 月号

移動運用をもっと楽しむための製作集 | 7

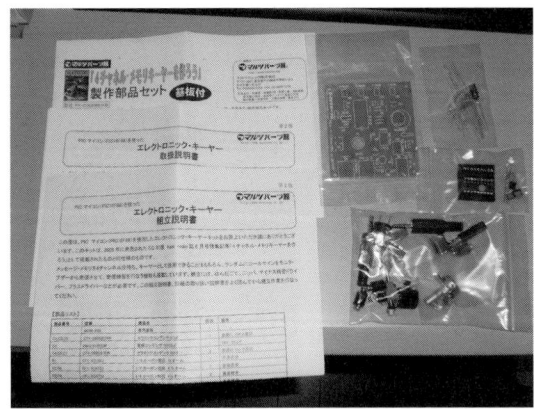

写真 1-1-3　キットの中身

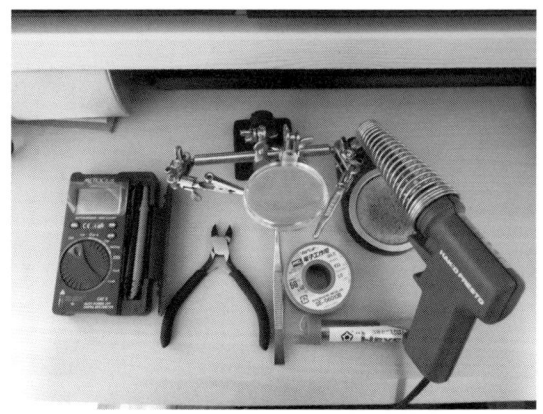

写真 1-1-5　製作に使用した工具類とテスタ

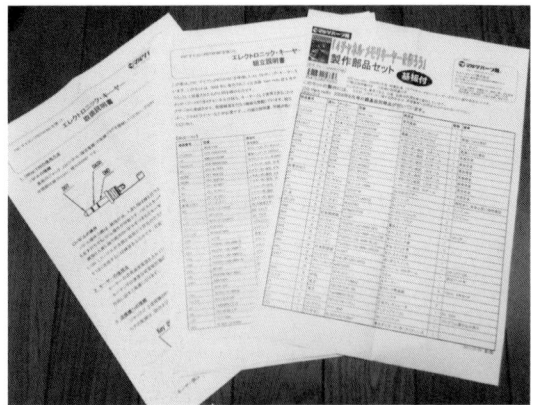

写真 1-1-4　付属するマニュアルは 3 部

写真 1-1-6　部品仕分けのようす
仕分け用ケースに入れて部品番号札を立てると，部品の取り間違いが防げる

分け用ケースと部品ごとの仕切りに立て札を立ててそこに入れていくと，組み立て時のミスを防ぎ，組み立てのスピードアップを図ることができます（**写真 1-1-6**）．

　準備がそろったら，組立説明書の順番に沿って，部品のはんだ付けをしていきます．このキットも，背の低い部品からはんだ付けを進めるように組立説明書には記載されています．組み立て手順はどんなキットでも変わらないようです．

　このキットを組み立てる前に，注意すべきポイントが一つあります．基本機能でも触れましたが「電源に何を使うのかを決めておく」ということです．PIC16F88 の使用最大電圧が 5.5V となっているので，1.5V の乾電池 3 本（ほかには DC 5V 出力の AC アダプタ，パソコンの USB 端子からなど）を使用する場合は，定電圧レギュレータの取り付けが不要です．これは，組立説明書でも最初に記載されているので，くれぐれもご注意ください．

　本稿では，徒歩および自転車での移動運用で使

Chapter 01 移動運用に便利な周辺機器の製作

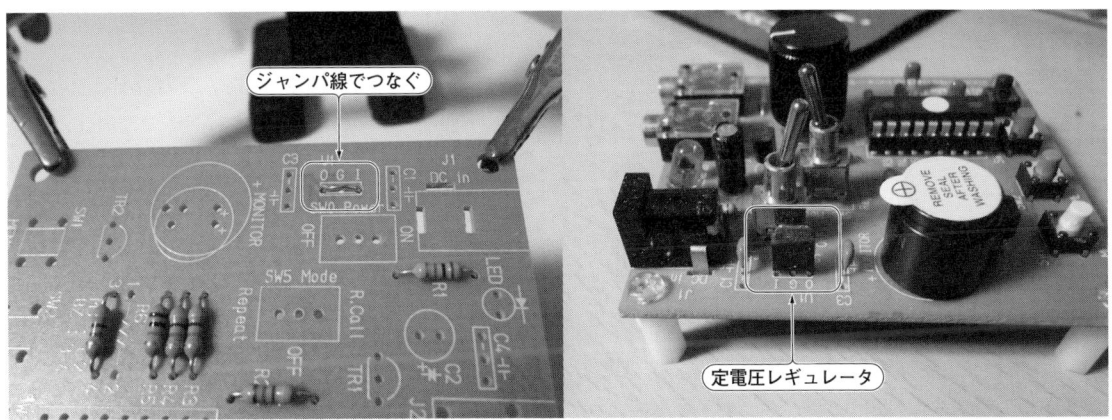

写真1-1-7 組み立てスタート
組み立ては抵抗のはんだ付けから始める．乾電池を利用するなど5.5V以下の電源なら低電圧レギュレータ（U_1）を使わないので，U_1の0とIの間にジャンパ線を取り付ける．U_1を取り付けた場合は右の写真のようになる

写真1-1-8 コンデンサを取り付ける
抵抗の次に背が低い部品であるセラミック・コンデンサを基板に取り付けたところ

写真1-1-9 タクト・スイッチとジャックの取り付け
組み立てが進み基板らしくなってきた

用することを考慮し，乾電池仕様にて製作します．9Vの006P型電池を使うとコンパクトに収められてよいのですが，動作時間は短くなります．

それでは，組み立てを順番に説明します．

組み立ては，背の低い抵抗のはんだ付けから始めます．極性がある部品はほとんどありませんが，C_2とTR_1，TR_2，U_1には極性があるので，取り付け方向には注意してください．

電源を乾電池3本仕様とする場合は，定電圧レギュレータは使いません．その代わり，基板上のIと0の間で短絡（ジャンパ線でつなぐ）させます（**写真1-1-7**）．次に，同じく背の低いコンデンサをはんだ付けします（**写真1-1-8**）．タクト・スイッチに続き，ステレオ・ジャックのはんだ付けをします（**写真1-1-9**）．完成に近づくにつれて，中身と立て札が少なくなってきました

移動運用をもっと楽しむための製作集 | 9

(**写真 1-1-10**)．

はんだ付けがすべて終了したら，いよいよ完成です（**写真 1-1-11**）．ただし，PIC16F88 を IC ホルダに差し込むのは次の工程となります．

■ 動作テストと使用方法

最初に，各部品の取り付け位置の再確認と，はんだ付け面の「イモはんだ」や「はんだ不足」をしっかりと目視でチェックしてください．確認ができたらいよいよ動作確認です．ポイントは 4 点です．

① 電源が入るか

LED が点灯して通電が確認できたら一度電源を切り，PIC16F88 を IC ホルダに差し込みます（**写真 1-1-12**）．

写真 1-1-10　部品が減ってきた仕分け用ケース
完成が近づいてくるのが実感できる

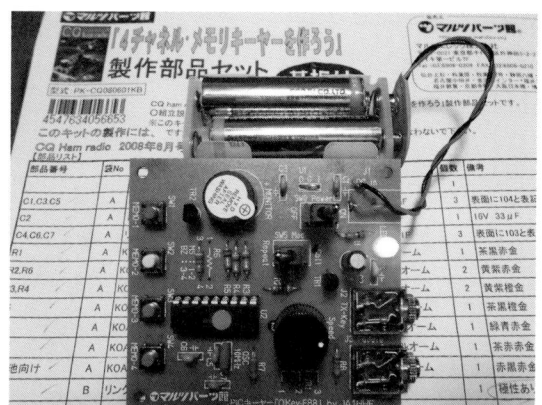

写真 1-1-12　無事電源も入り LED が点灯

写真 1-1-11　基板のはんだ付けを終了

Chapter 01 移動運用に便利な周辺機器の製作

② パドルをつないで，符号が流れるか

パドルをつなぎ，電源を入れます．(**写真1-1-13**)．プラグは**図1-1-1**のように配線を行っておきます．パドルを操作し，短点・長点が設定どおりに流れてきたらOKです．

③ 各チャネルのメモリは正しく登録し，正しく再生するか

取扱説明書に書かれている「メッセージの書き込み」「メッセージの読み出し送信」「メッセージの繰り返し送信（CQ空振りに便利）」「メッセージ送信の即時停止」「メッセージの消去」の項目を4チャネルすべてで実施してみてください．4回繰り返せば，動作テストのほか，使用法も合わせて覚えてしまいます．

④ トランシーバに接続して問題なく機能するか

テストの最終段階です．パドル操作により信号が送信されているか．メモリに記録された符号が送信されているか．回り込みは発生していないかなどを，実際にトランシーバにつないでチェックします．チェック時は，ダミーロードをつなぐなどして，無用な試験電波を送信しない配慮を行ってください．

以上のテストで問題なければ，次はケースの選択と収納です．

■ ケース選びと収納

コンセプトで触れたとおり，「なるべく手を加えない」「コストもかけない」「使い込んでから改造を楽しむ」ということで，「百円均一のお店」でプラスチック・ケースを購入しました (**写真1-1-14**)．

しかし，キーヤーを納めてみると，持ち運びには便利なのですが，運用に際しては，深すぎて操

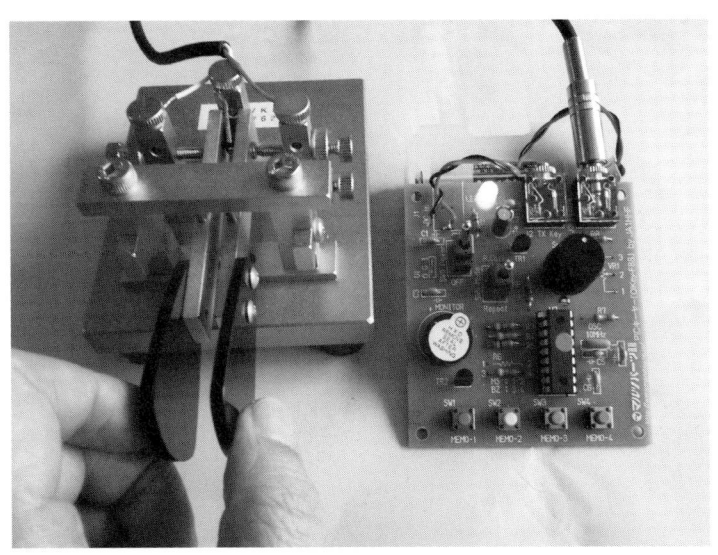

写真1-1-13　パドル操作でブザーから小気味よい符号が流れたらOK

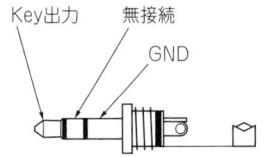

(a) J2 TX-Keyに接続するプラグ

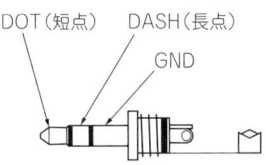

(b) J3 Paddleに接続するプラグ

図1-1-1　プラグの配線図
(a) J2 TX-Keyに接続するプラグはモノラル・プラグでもOK．無線機に接続するプラグはステレオ・プラグの使用がお勧め．
(b) J3 Paddleに接続するプラグをよく確認してDOT(短点)とDASH(長点) GNDの線をパドルの端子に接続する

写真 1-1-14 百円ショップで購入した食品用プラスチック・ケース

写真 1-1-16 ケース加工は穴を二つあけるだけなので簡単

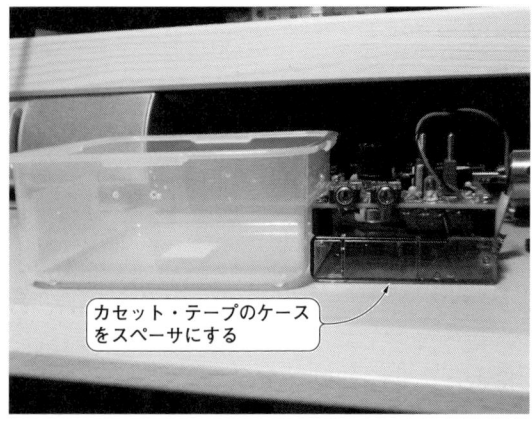

写真 1-1-15 手元にあったカセット・テープのケースで底上げ

作しづらそうです．そこで，シャックにあったカセット・テープのケースで底上げをしました（**写真 1-1-15**）．

ケースの加工は，「Paddle」と「リグ」のジャックの穴を開けるだけです（**写真 1-1-16**）．基板は，カセット・テープのケースに穴を開け，付属のスペーサで固定し，カセット・ケースとプラスチック・ケースは両面テープで固定します．

収まりも良く，良い感じにできあがりました（**写真 1-1-17**）．横から眺めると**写真 1-1-18**のように見えます．

■ メッセージの登録

準備が整えば，早速移動運用の準備です．まずは，移動地を決めて各メモリ・チャネルにメッセージの登録を済ませます．各チャネルに登録する文書を以下のように決めました．

MEMO 1：CQ CQ de JI1SAI/1 JI1SAI/1 JCC 1220 PSE K

MEMO 2：CQ CQ de JI1SAI/1 JI1SAI/1 JCC 1220 NAGAREYAMA PSE K

MEMO 3：QRZ ? PSE AGN DE JI1SAI/1 K

MEMO 4：DE JI1SAI/1

メッセージの登録には，慣れが必要かもしれません．日頃のパドル操作は，流れるように（hi）文書を打っていけるのですが，メモリ・チャネルへの登録時は，なかなかうまくいきません．

一文字一文字パドル操作で入力しますが，単語の間には「ピッ」と合図で区切られます．そのため，うまく調子がつかめずに，何度も登録のやり直しを余儀なくされました．

Chapter 01　移動運用に便利な周辺機器の製作

写真1-1-17　上から覗くとこんな感じ

写真1-1-18　精悍な顔つきに見えてくるから不思議，hi

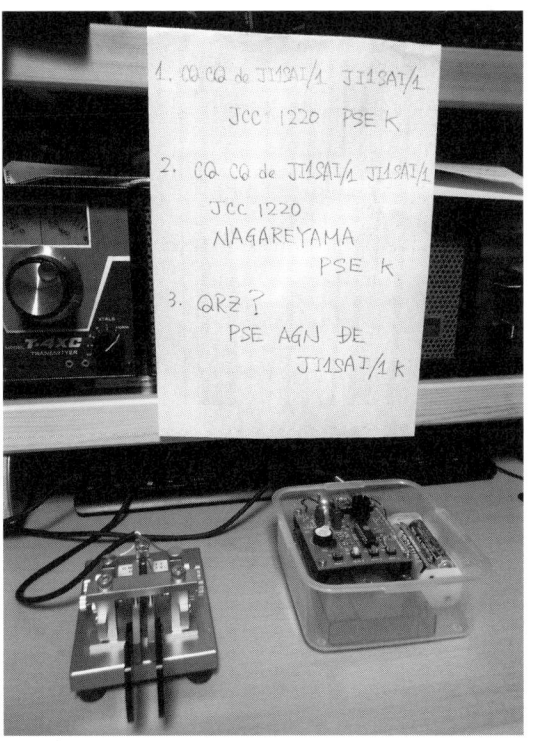

写真1-1-19　メッセージの登録にミスが続いたので登録文書の見本を用意

　前述の「MEMO 2」にメッセージを登録するときに，「PSE」あたりで入力ミスをやってしまうと，本当にがっかりします．慣れないうちは，登録する文書を紙に書いて，一字一句を入力していくことも初級者（筆者もです，hi）には必要かもしれません（**写真1-1-19**）．

表1・1 キーヤーの機能設定の組み合わせ

	MEMO-1	MEMO-2	MEMO-3	MEMO-4
モニター・ブザーの OFF	○			
パドル入力の記憶 OFF		○		
バグキー・モード ON			○	
各設定の一括解除				○

○印のキーを押しながら電源スイッチ(SW0)をONにする.再度同様の操作を行うことで,その機能が解除される.

実際に「MEMO 1」に登録してみましょう.まずは,キーイングの速度をボリュームで設定します.反時計方向に回すと低速,時計方向に回すと高速となります.打ちやすい速度に設定したら,「MEMO 1」のボタンを長押し(3秒以上)すると「—・・・—($\overline{BT}$)」と,流れて準備完了となるので,一語ずつパドルで打っていきます.

CQ「ピッ」CQ「ピッ」de「ピッ」JI1SAI/1「ピッ」JI1SAI/1「ピッ」JCC「ピッ」1220「ピッ」PSE「ピッ」K「ピッ」と,いった感じです.

入力を完了したら「MEMO 1」のボタンを短く押すと,「**CQ CQ DE JI1SAI/1 JI1SAI/1 JCC 1220 PSE K OK ?**」と流れます.これで登録終了です.もう一度「MEMO 1」ボタンを短く押して,入力した符号がきれいに流れることを確認してください.

もし,登録に失敗した場合は,もう一度「MEMO 1」ボタンを長押しして,「—・・・—($\overline{BT}$)」が流れてから,登録し直します.一字一句をしっかりと打つという,忘れかけていた CW を始めたころの基本を思い出させてもらえました.

登録した符号は,メモに書き留めて携行するようにしてください.結構,忘れてしまいます,hi.

このキーヤーには,電源スイッチと「MEMO」ボタンを組み合わせて操作する機能があります(**表 1-1-1**).「MEMO 1」を押しながら電源を入れると,圧電ブザーが鳴らないように設定できます.通常の運用時は耳障りなので切っておくとよいのですが,メッセージの登録時は無線機のサイドトーンは働かないので,入力が困難です.もう一度「MEMO1」を押しながら電源を入れて,圧電ブザーが鳴るように設定します.

■ いざ移動運用!

お手軽移動運用の装備です(**写真 1-1-20**,**写真 1-1-21**).今日は,自転車で近所の土手に上がり,FT-817 に釣り竿アンテナと自作のマニュアル・チューナ(**写真 1-1-22**)で運用しました.土手に上がったら,「移動運用中」の案内(**写真 1-1-23**)を掲げて,いよいよ運用開始です(**写真 1-1-24**).

まずは,聞こえてくる局を呼んでみました.キーヤーとしてバッチリ動作しています.何局かにお声掛けを行って,いよいよ緊張の一瞬.CQ を出します.

十分に送信速度を絞り(hi),「MEMO 1」スイッチを押します「**CQ CQ de JI1SAI/1 JI1SAI/1 JCC1220 PSE K**」….まずは空振り.コンディションがいまひとつのようです.しかも QRP に釣り竿アンテナなので,なかなか気づいてもらえません.

何度か「MEMO 1」および「MEMO 2」のスイッチを押していたのですが,これも簡略化して

Chapter 01 移動運用に便利な周辺機器の製作

写真1-1-20 現地までは自転車で行くので装備はなるべく軽量に

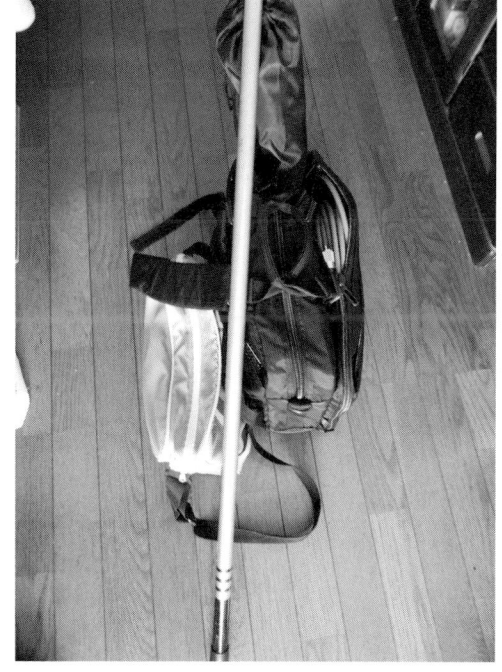

写真1-1-21 パッキングも完了．一つは自転車のかごに納める

写真1-1-22 ワイヤ・アンテナと自作マニュアル・チューナでマルチバンドに楽める

写真1-1-23 あいさつに代えて看板を用意．結構いろんな人がのぞいていく

写真1-1-24 操作位置にセットしたら運用開始

移動運用をもっと楽しむための製作集 | 15

写真 1-1-25　寒さで硬い表情になりながら，移動運用を楽しむ？ 筆者（笑）

写真 1-1-26　新たに購入したケースと部品類

みました．「MODE SW5」スイッチを「Repeat」側に倒すと，約3秒間隔で連続して符号を送信することができます．OFFに戻せば繰り返し送信が中止されます．

　そんなエコ運用も試していたら，突然念願のコールバックがありました．あまりに突然だったので，コールサインが取れませんでした．そこで「MEMO 3」スイッチで確認します「QRZ？ PSE AGN DE JI1SAI/1 K」．気を落ち着かせ，書き取り準備に専念します．

　その後もおなじみさんをはじめ数局にお声掛けをいただき，CWの移動運用で強力な助っ人となることが確認できました．というのは，移動運用当日は北風が吹き，土手の上は手がかじかむ寒さでしたが（**写真 1-1-25**），本機のおかげでパドル操作が省力化され，エコでFBな移動運用を楽しむことができました．

■ モディファイ　使いやすさの追求

　さて，何度か移動運用に持ち歩いていると，自作の虫も騒ぎはじめます．さらに，自分なりのこだわりのスタイルも見えてきました．いよいよ本格的に使い勝手の良い，4チャネル・メモリー・キーヤーへとグレードアップのときが来たのです．

　改造点は次のとおりです．

- **ケースの変更**

　傾斜型ケースを使い，スイッチの見やすさと操作性を高めます．丈夫なメタル製ケースで，あらゆる移動に対応します．

- **電池ボックス**

　ケースの外に固定して，電池交換時のアクセスを見直します．運用時の不意な電池切れにも迅速に対応できます．

- **外付けスイッチの採用**

　ケース上面に配置するスイッチはすべて大きめのものを選び，操作性を向上させます．

■ 改造

　まずは，必要な材料をそろえます．ケースとすべてのスイッチとパネル取り付け用のジャック，つまみそして単3電池3本用のケースです（**写真 1-1-26**）．ボリュームとLEDは流用しましたが，つまみは新調しました．

　ケース側に取り付ける部品類（タクト・スイッ

Chapter 01 移動運用に便利な周辺機器の製作

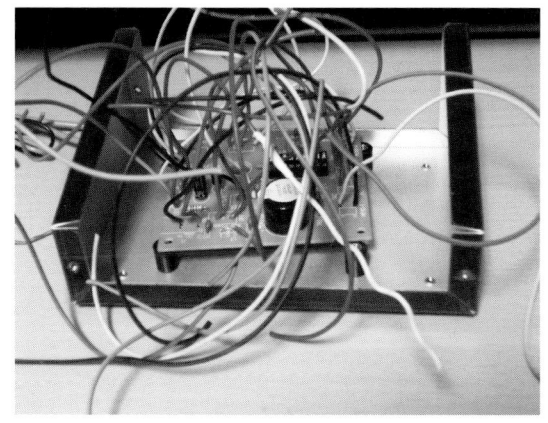

写真1-1-27 ケースに外付けする部品へのケーブル類のはんだ付け（結構な本数，hi）

写真1-1-28 ドリルとリーマーで，取り付け部品のサイズに穴をあけたケース

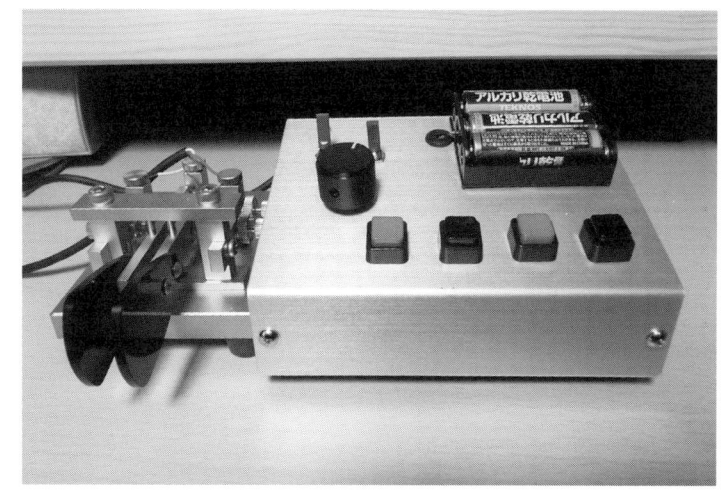

写真1-1-29 モディファイされた4チャネル・メモリー・キーヤー
金属ケースに入れMEMOスイッチを大型化．移動運用での使い勝手を向上させた

チ，ステレオ・ジャック，可変抵抗，LED）を基板から外して，ケーブルをはんだ付けします（**写真1-1-27**）．

追加部品を取り付ける穴をあけ，リーマーで各部品が収まるサイズに広げます（**写真1-1-28**）．完成すると**写真1-1-29**，**写真1-1-30**のような感じになりました．カッコよくなっただけでなく，格段に操作性がアップ！ 急な電池切れへの対応は，特にコンテストでの使用を意識しています．コンテスト中に電池切れになっても，すぐに電池交換が可能です．また，保管中にも乾電池の有無を確認でき，電池を外しておくこともできるので，電池の無駄な消費を防げます．

■ 再び移動運用

クラブのメンバーから移動運用のお声がかかったので，お披露目運用に行ってきました（**写真**

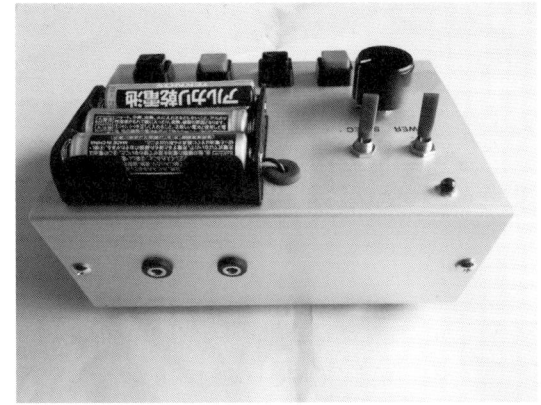

写真 1-1-30　後姿も凛々しくなった

写真 1-1-31　早速，移動運用にデビュー

写真 1-1-32　笑顔がこぼれる移動運用になった

1-1-31，写真 1-1-32)．やはり，大きくなったボタン類は思ったとおりの使いやすさ．電池交換も時間がかからず，お待たせしません，hi．

■ 自作を楽しんでみませんか

　移動運用を楽しむのに，既製品でそろえてしまうのも一つですが，アクセントの一つとして，自作品を加えてみませんか？ 周辺機器ならば，普段あまりはんだごてを握らない方でも，比較的簡単に自作を楽しめます．また，自分の移動スタイルに合わせて自由に改造することが可能で，まさに「一粒で二度（も三度も）おいしい」という宣伝文句がぴったりの楽しみ方が味わえます．この世にたった一つしかない自分専用の周辺機器を持ち歩くと，使い込むほどに愛着が湧いてきます．

　自分の組み立てた周辺機器を使って，素敵な出会い（QSO）が生まれ，移動先のアイボールでも，会話に花が咲くこと請け合いです．

　移動運用をサポートする周辺機器のキットは，さまざまなものが用意されています．本稿を参考に，たくさんの周辺機器を製作して，これまで以上に移動運用を楽しむ一助になれば幸いです．

〈JI1SAI　千野 誠司　ちの せいじ〉

開発者からひと言

■ OIKey-F88

　OIKey-F88は，マイクロチップ社製のマイクロ・コントローラ PIC16F88 を使用しています．機能のほとんどがソフトウェアによるため，回路の構成はとても簡単で製作が容易です．CQ ham radio 2008年6月号の付録として基板が提供されたことから，多くの皆さんに製作，愛用されてきました．基板に部品を取り付けただけで完成しますが，好みのケースに組み込んでスイッチなどを操作しやすく取り付けると，CW運用において便利な機器になるでしょう．

JA1HHF　日高　弘

Chapter 01 移動運用に便利な周辺機器の製作

SSB や FM での運用に重宝する
1-2 CQ マシン キャリブレーション「IAT CQM6」の製作

移動運用やコンテストで SSB や FM などの電話モードを運用するときに便利なキットの CQ マシンを製作します．このキットは上級者向けなので，作る楽しみ，工夫する楽しさが存分に味わえます．

■ 購入の動機

移動運用やコンテストなどで，続けて SSB や FM などを運用する場合，始めのうちは元気に話せますが，時間とともに CQ を出す元気がなくなってきます．こんなときは，ボイス・メモリ（CQ マシン）が欲しくなってきます．

最近のチョッと高価な無線機にはボイス・メモリが内蔵していますが，お手ごろ価格帯の無線機には，その機能が付いていません．私が愛用している ICOM IC-7200 もそのうちの 1 台です．そこで，外付けのボイス・メモリを使ってみようと思いました．

雑誌やネットで情報を調べていろいろと検討していると，完成品ではなくキットに目が止まりました．アマチュア無線機や周辺機器のキットを販売している「キャリブレーション」の CQ マシン・キット「IAT-CQM6」を購入し，製作することにしました．

CalKIt 532 上級 「IAT-CQM6」
価格 6,000 円（税込み，送料別）
● キットの発売元
キャリブレーション
http://calibration.skr.jp/
TEL 06-6326-5564

■ IAT-CQM6 の特徴と仕様

取り扱い説明書によると，この「IAT-CQM6」は JA1IAT 又吉さんが設計され，長年 JARL 奈良県支部の製作講習会で製作されていたそうです．さらに「IAT-CQM6」には次のような特徴があるとのことです．

- マイクアンプを内蔵しているので多少ゲインが低いマイクでも使用できる．
- 録音再生用 IC は APR9600 を使用し，サンプリング周波数は 8.0kHz 32 秒に設定．サンプリング周波数を変えることにより録音時間を変更できる．
- スイッチの切り換えで，6 秒間隔で繰り返し再生を行える．

「IAT-CQM6」の仕様は次のとおりです．

PIC マイク・コントロール　CQ マシーン

　入出力マイク：コンデンサ・マイクを推奨

　録再 IC：APR-9600

　最大録音時間：32 秒（延長可能）

　繰り返し設定時間：6 秒

　動作電源電圧：9 ～ 14V

　消費電流：50mA

　基板寸法：75×50mm

■ 部品集めとキット部品の確認

キットを購入する前，参考にキャリブレーションの Web サイトにある，このキットのページを見ました．ケースやスイッチがきれいに付いている写真が並んでいるので，すべての部品がキットに同梱されていると思い込んでいました．ところ

が，実物を見てビックリ！ スイッチ，ジャック，ケースなどは別売りで，それぞれの部品を集めなくてはなりませんでした．確かに Web サイトには，そう書いてありますね．勘違いをしていました．

キットに同梱されている部品（**写真 1-2-1**）だけでは動作しないので，必要な部品（**写真 1-2-2**，**表 1-2-1**）を集めなくてはなりません．幸い秋葉原は通勤途中でもあることから，毎日（？）部品探しを楽しみました（**写真 1-2-3**）．作るのも楽しいですが，こちらのほうも楽しいです，hi.

キットを作り始める前には，部品の員数を確認しましょう．不足や間違いがあったときは，速やかに発売元に相談してください．

■ **製作開始　はんだ付けと各ポイントの注意項目**

基板パターン面（はんだ付け面）は銀色でキラキラしているので，はんだ付け状態がよくわかりません．はんだ流れ，未はんだ，イモはんだにならないよう注意が必要です．

基板への部品取り付けは，以下の順番に行いました．一般的には，高さの低い部品から取り付け

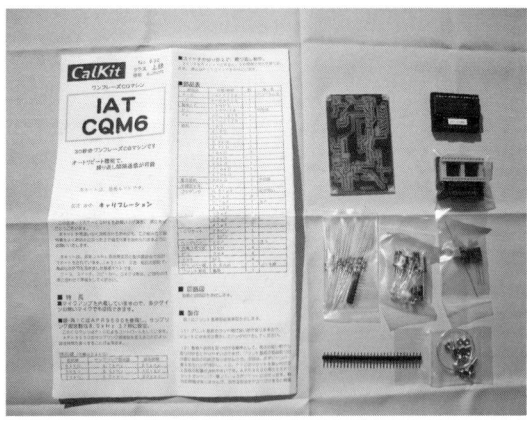

写真 1-2-1　キットの内容
説明書および同梱されている基板と部品

写真 1-2-2　追加で購入した部品
同梱されている基板と部品

写真 1-2-3　秋葉原電気部品街

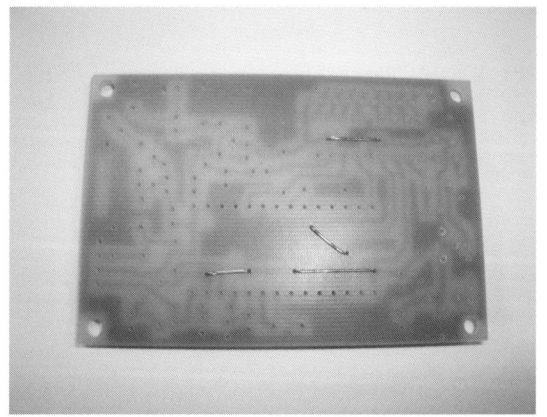

写真 1-2-4　パターン面を透かした状態

Chapter 01 移動運用に便利な周辺機器の製作

ると作業がやりやすいと思います．

プリント基板の部品取り付け面には，部品の印刷がないので，基板を透かしてパターン面を確認しながら作業を進めます（**写真 1-2-4**）．急ぐ必要はありません．1 個ずつ確実にはんだ付けをしましょう（拡大レンズを使いながら，hi）．

① ジャンパ線 4 本

最初にジャンパ線をはんだ付けします．あとで

表1-2-1 追加で購入した部品一覧

部品名	仕様／定格	数量	備考
アルミ・ケース	140×40×100mm	1	タカチ UC14-4-10GX
万能基板	72×47mm	1	25×15 孔
抵抗	150Ω 1/4W	4	リレー分電圧用
抵抗	2KΩ 1/4W	1	赤/緑 2 色タイプ用
ボリューム	B 1kΩ	1	MIC GAIN
ボリューム用ツマミ		1	好みに合わせて選ぶ
LED	赤色 SLP-711H	1	POWER
LED	黄色 SLP-731H	1	PLAY
LED	赤/緑 2 色タイプ SLP-751H	1	Repeat/Normal
リレー	2 回路 941H-2C-12D（12V）	4	MIC/PTT 切換
プッシュ・スイッチ	PUSH OFF-ON DS-450	1	POWER
プッシュ・スイッチ	PUSH ON DS-193	3	PLAY（黄色），RECORD（赤色），LOCK（青色）
切換スイッチ	6 ピン ON-ON MS-500F-B	1	Repeat/Normal
マイク・ジャック	8 ピン	2	結線：アイコム仕様
DC ジャック	内径φ2.1mm，外形φ5.5mm	1	DC IN 12V
DC プラグ	内径φ2.1mm，外形φ5.5mm	1	DC IN 12V
ミニ・ジャック	φ3.5	1	SP
モノラル・プラグ	φ3.5	1	SP
MIC プラグ	8 ピン	2	結線：アイコム仕様
スズメッキ軟銅線	0.5mm，10m	1	
配線用リード線	3m 10 色，0.18mm^2	適量	
電源用リード線	赤/黒 VFF 0.18mm^2	適量	
シールド線	2 芯	適量	MIC/PTT 信号配線
シールド線	8 芯	適量	CQ マシーン−無線機
スピーカ（SP）	8Ω	1	モニター用
収縮チューブ	φ1.5	適量	LED リード部処理
スペーサ	15mm	4	基板持ち上げ用．必要に応じて準備する
スペーサ	5mm	8	
基板取り付け用ベース	両面テープ・タイプ	8	タカチ　PETET T-600
ヘッダ・ピン	40P	1	
耐水フィルム・ラベル	A4	1	サンワサプライ　LB-EJF02

取り付ける IC ソケットの下に位置します．場所を間違えると修正（手直し）が大変なので，取り付け場所に気を付けましょう．

② IC ソケット

ソケットの一部が，ジャンパ線に当たって浮いた状態になります．当たる部分を少し削るときれいに取り付けられます（**写真 1-2-5**）．

③ 抵抗

誤部品防止のため，同じ乗数の抵抗から進めればよいと思います．1kΩ＝5 本，10kΩ＝3 本などをまとめてはんだ付けをしていきます．

④ コンデンサ

抵抗と同じく，誤部品防止のため同じ乗数から行います．コンデンサは，±極性もあるので注意しましょう．0.1μF＝9 本などをまとめてはんだ付けをしていきます．

⑤ IC ＆ トランジスタ

部品リードに余計な力が加わらないように，ラジオ・ペンチやピンセットなどでパターン間隔に合わせたリード加工をすると，取り付けがスムーズになります．

⑥ 半固定ボリューム

今回は，付属している半固定抵抗を基板上に取り付けずに外付け型のボリュームを採用しました．理由として，半固定抵抗だとマイク・レベルの微調整を行うたびにカバーを開けてから調整を

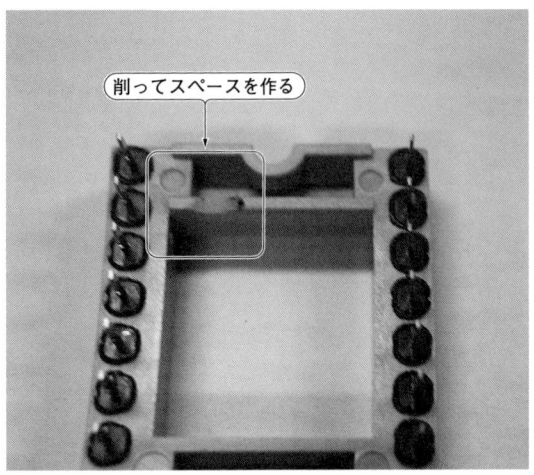

写真 1-2-5　IC ソケットを削ってジャンパ線のスペースを作る

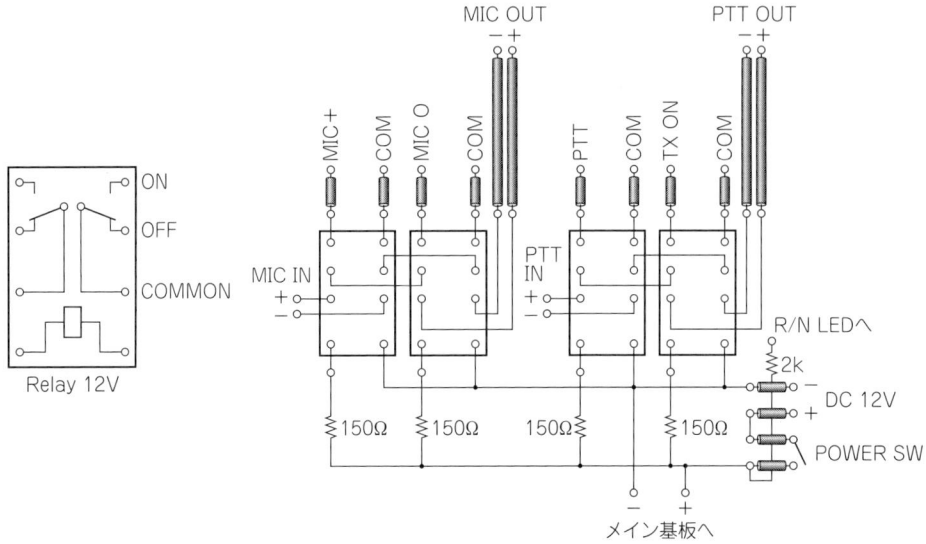

図 1-2-1　マイクと PTT の切り換え回路

Chapter 01 移動運用に便利な周辺機器の製作

しなくてはなりません．外付けのボリュームにすれば，この手間が省けます．とても便利でお勧めの変更点（改良点）です．

⑦ PIC，IC

ICをソケットに挿すときは，リードを少し内側に曲げそろえてから慎重に行いましょう．静電気にも弱いので注意が必要です．ICを触わる前に，どこか金属部にタッチして静電気を逃がすなどの配慮をしましょう．

ここまでで，本キットの基板が完成です．もう一度，はんだ付けの状態や極性がある部品の向きを再確認してください．

■ マイク・PTT切り換え回路

CQマシン機能を使わないときは，その都度マイク・コネクタを差し換えなくてはなりません．そこで，**図1-2-1**と**写真1-2-6**に示すような切り換え回路を万能基板で作り，追加することにしました．

動作としては，CQマシンの電源がOFFのときには「MIC IN-MIC OUT」がThrough（スルー状態）になります．

切り換え回路が不要な方は，ここは飛ばしていただいても大丈夫です．

■ ケースへの収納検討

CQマシン本体基板とマイク，PTT切り換え回路基板をケースに収めるために，レイアウトを検討しました．当初，本体基板のみの収納を考えていたところに切り換え回路を追加したため，ケース内のスペースがそのぶん必要になりました．

ケースはタカチUC14-4-10GX（W140×H40×D100mm）を用意していましたが，**写真1-2-7**のようにマイク・コネクタが基板に触れてしまい，そのままでは取り付けができなくなったのです．対策として，スペーサで基板を持ち上げてコネクタとのスペースを確保しました（**写真1-2-8**）．

ケースは，最初から少し大きめのサイズを選

写真1-2-6　ユニバーサル基板に組んだマイク切り換え器

写真1-2-7　基板に接触するマイク・コネクタ

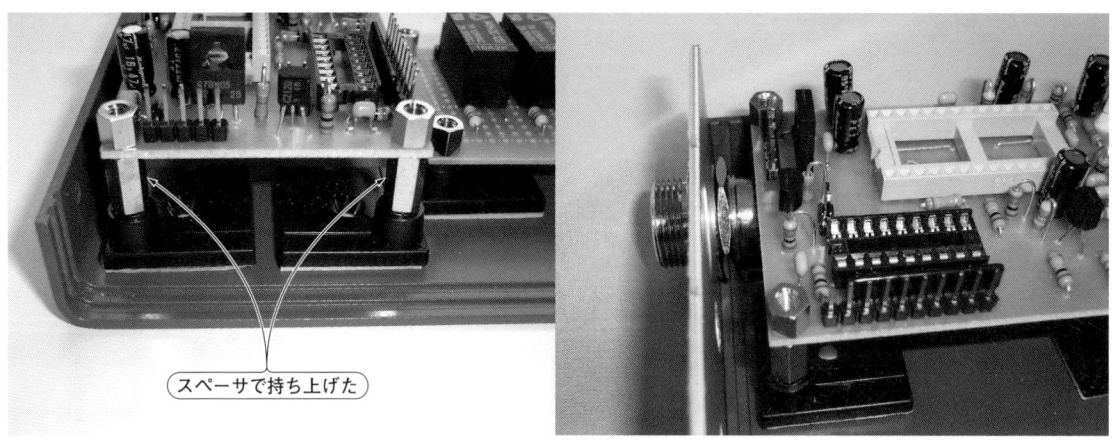

写真1-2-8　スペーサ取り付けて（写真左）マイク・コネクタの取り付けスペースを作る（写真右）

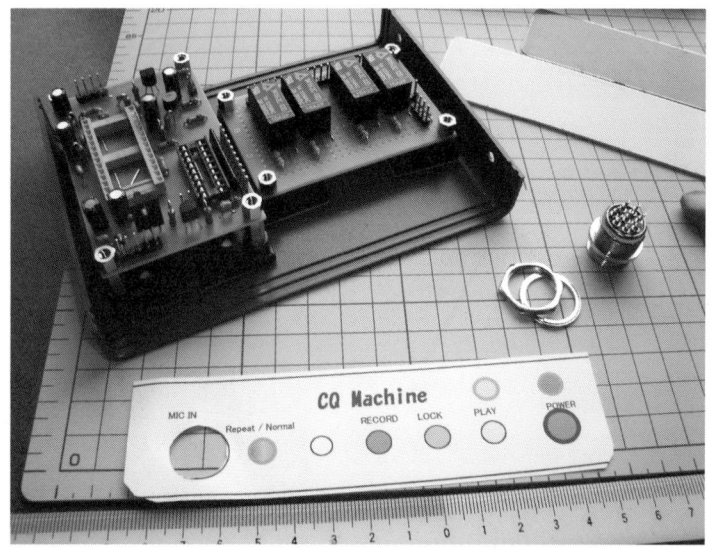

写真1-2-9　スイッチのレイアウトを紙に書いて現物に合わせる

んで製作したほうが，FB と思います．タカチ UC17-5-12GX（W170×H50×D120mm）ぐらいの大きさがよいですね．

■ ケース加工

コネクタやスイッチのレイアウトを，紙に書いて検討しました（**写真1-2-9**）．その後，各部品の奥行きなども考慮して，取り付け位置を決定してから（**写真1-2-10**）ケース加工を行います．穴あけは，まず少し小さめの径のドリルで穴をあけてから，棒ヤスリなどで削って仕上げました（**写真1-2-11**）．

パネル面は，各スイッチ名などを表示するため，インクジェット・プリンタで「フィルム・ラベル」に印刷して貼り付けました（**写真1-2-12**）．見

Chapter 01 移動運用に便利な周辺機器の製作

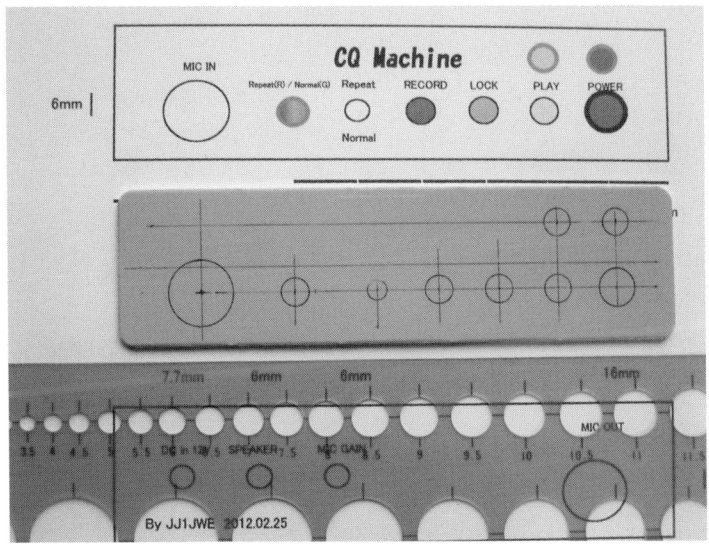

写真 1-2-10　ケースのパネルにスイッチのレイアウトを転記していく

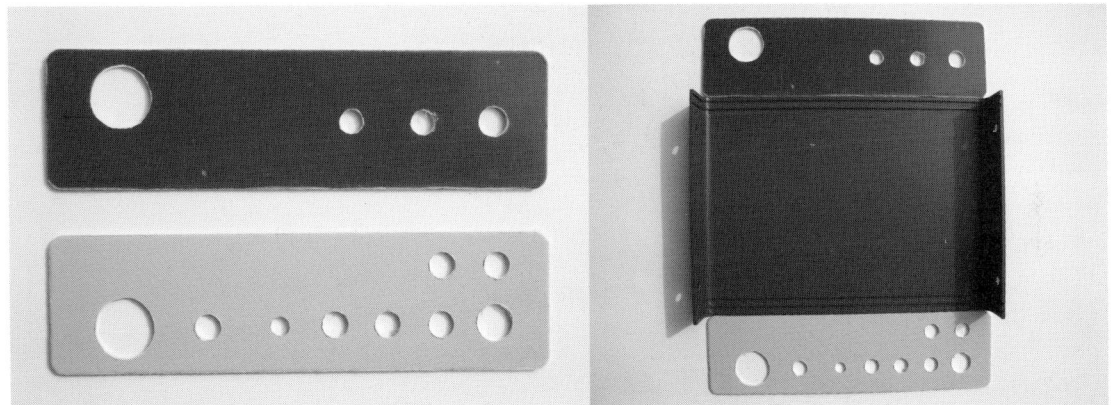

写真 1-2-11　ケースの加工後

た目も高級になりました．

■ 内部配線

　内部配線の開始です．配線する順番として，各機能別に分けて行う方法にしました．回路の流れを確認しながらできるので，とても良いと思います．「電源」→「入力」→「LED」→「出力」といった感じです．それぞれのブロックごとの配線図を図 1-2-2 から図 1-2-9 に示します．マイクのピン配置は，使用する無線機によって異なります．無線機の取扱説明書で確認してから配線してください．

■ 完成後の配線関係確認

　配線が終了すると完成です（写真 1-2-13，写真 1-2-14）．でも，電源をつなぐ前に再度配線

移動運用をもっと楽しむための製作集 | 25

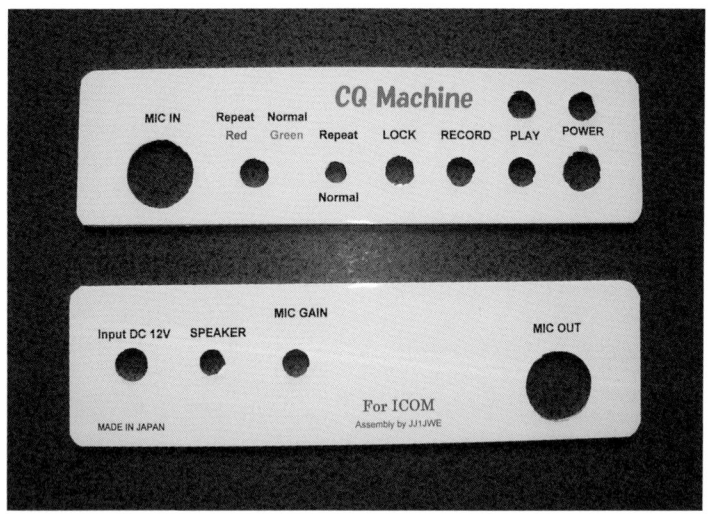

写真1-2-12 フィルム・ラベルをパネルに貼った状態

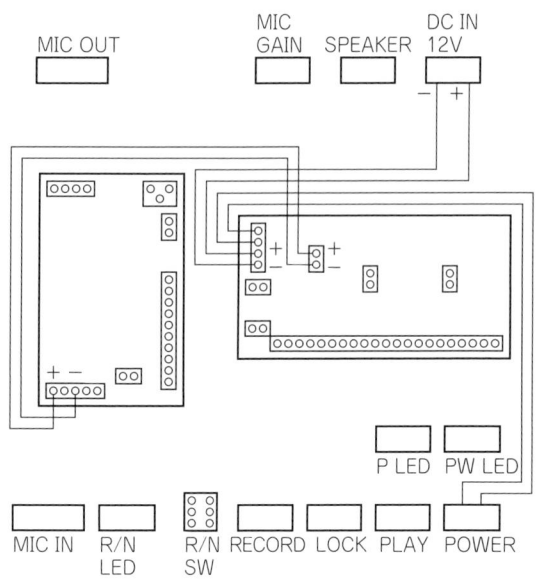

図1-2-2 電源部の配線

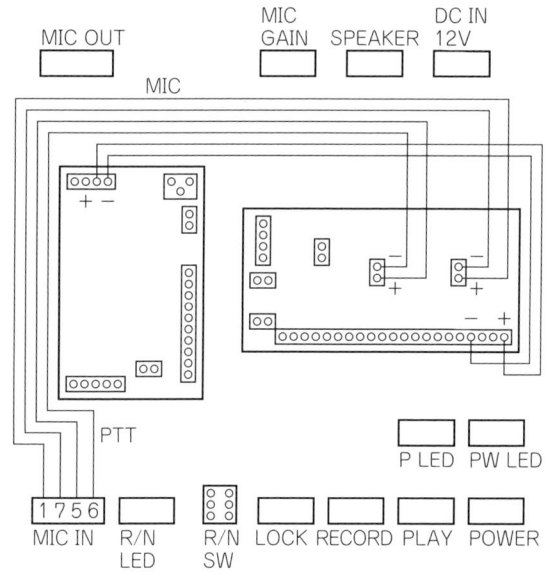

図1-2-3 マイク入力とPTTの配線

を確認しましょう．特に，電源の極性間違いは，基板を破損する恐れがあるので注意が必要です．

■ DC 12V入力による動作確認

このCQマシンは，DC 9〜14Vで動作しま

す．そこで，電源として単三電池8本が入る電池ボックスを使用しました（**写真1-2-15**）．さらにこの電池ボックスを100円ショップで購入したプラスチック・ケースに収納しました．電源

Chapter 01 移動運用に便利な周辺機器の製作

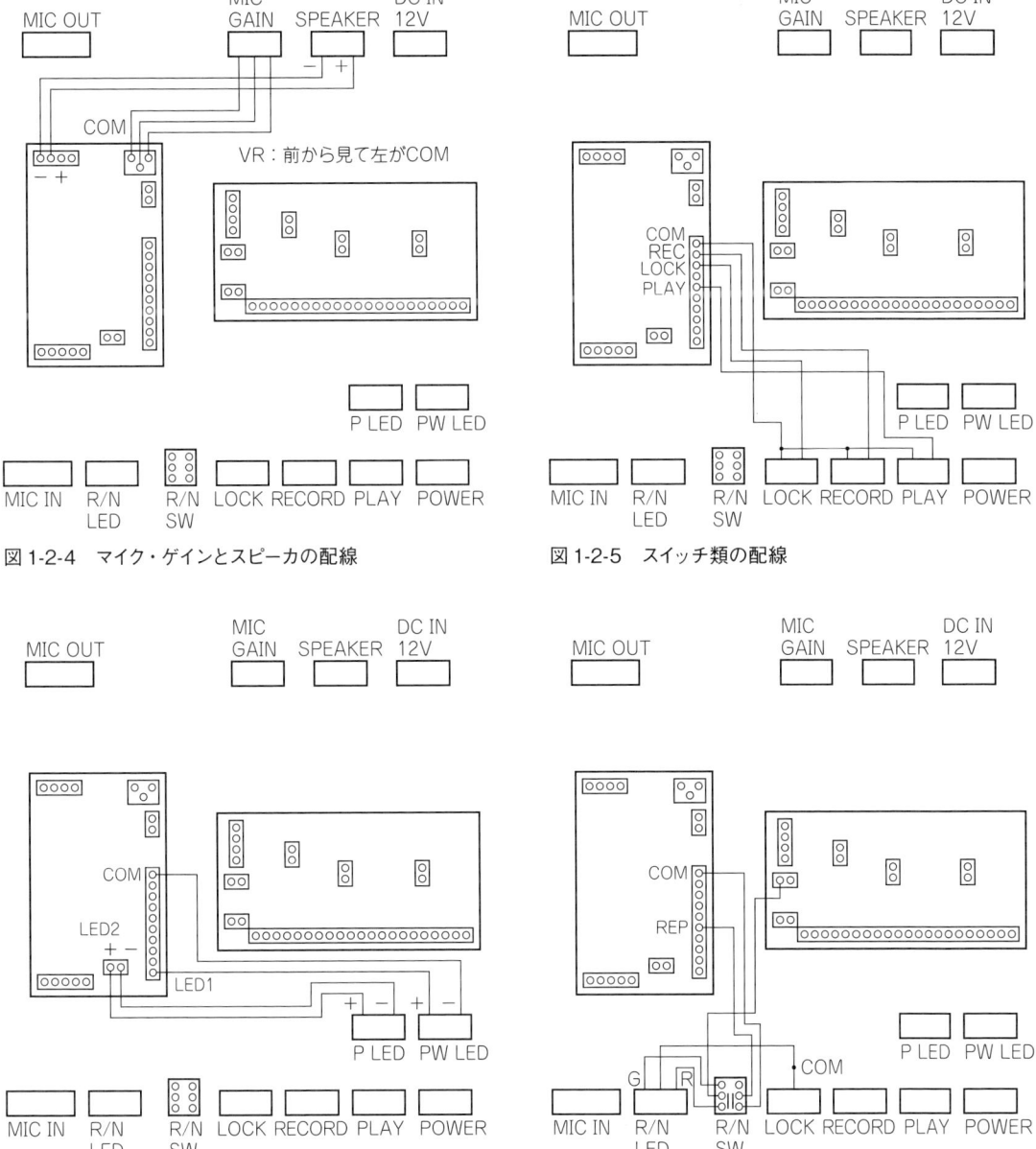

図 1-2-4 マイク・ゲインとスピーカの配線

図 1-2-5 スイッチ類の配線

図 1-2-6 電源／送信の表示用 LED の配線

図 1-2-7 Repeat/Normal 表示用 LED の配線

を ON にして電源 LED（赤）が点灯することを確認します（**写真 1-2-16**）．

　PLAY と REC スイッチを同時に押して音声が録音ができるかどうかをテストします．スピーカでモニターした自分の声（変調）は，恥ずかしいですね．問題がなければ，無線機に接続して相互のレベル調整を行います．

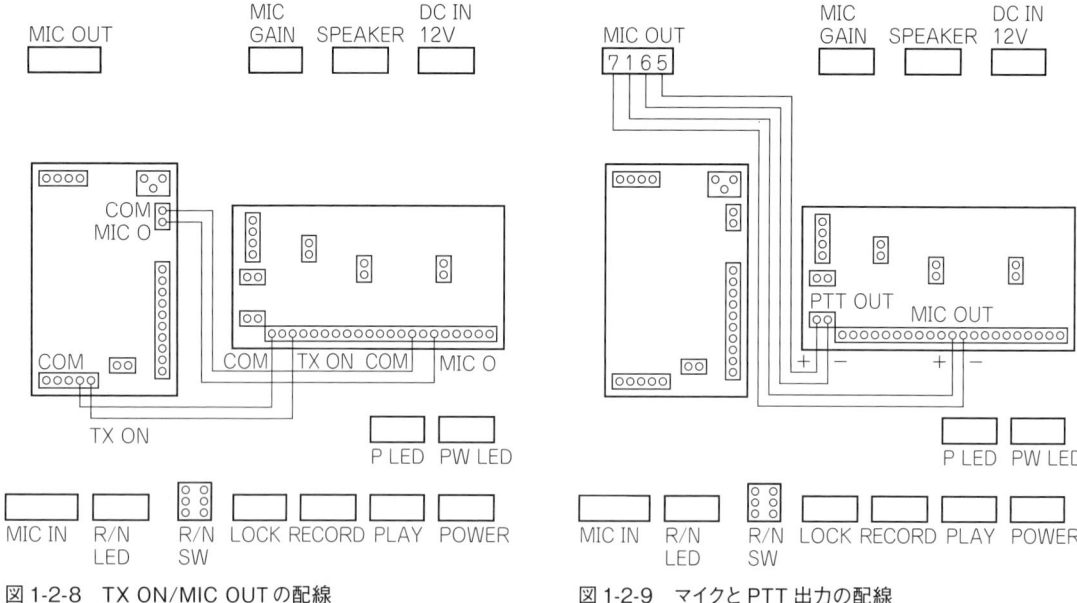

図 1-2-8　TX ON/MIC OUT の配線

図 1-2-9　マイクと PTT 出力の配線

写真 1-2-13　配線完了後のケース内部

Chapter 01 移動運用に便利な周辺機器の製作

写真1-2-14 できあがったCQマシンの外観とケースのふたを開けたところ
写真上2枚が前面，写真下2枚が背面

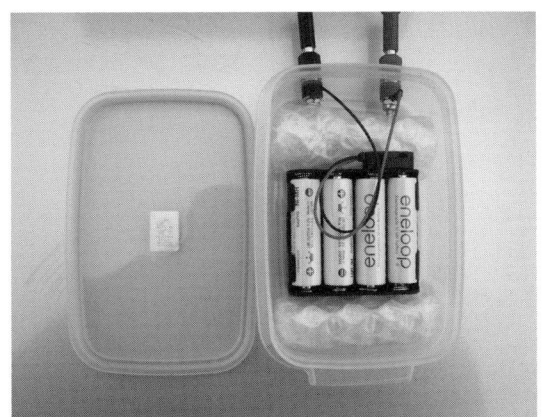

写真1-2-15 電源として用意した電池ボックス
単3電池8本を使用する

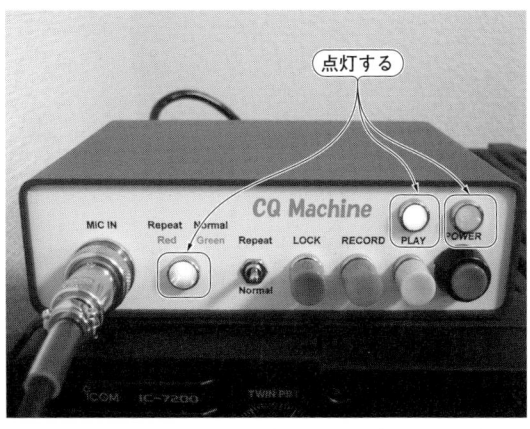

写真1-2-16 電源を入れると各LEDが点灯する

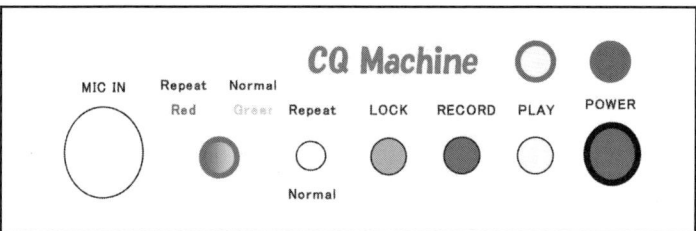

図1-2-10　製作したCQマシンのフロント・パネル

写真1-2-17　無線機に接続したCQマシン

写真1-2-18　無線機のALCメータで変調度を確認する

■ マイク・レベルの調整

　完成した「CQマシン」にマイクと無線機を接続します（**写真1-2-17**）．メモリー音声レベルと通常使用するときのマイク・レベルが同じになるように，ALCメータなど（**写真1-2-18**）で確認しながら調整をします．外部マイク直接入力とのバランスを取るために，各機器（メーカー）に合わせた回路乗数変更が必要です．

　今回は，送信機にダミーロードを付けてサブ受信機でモニターしながら調整を実施しました．

　きれいな変調状態になったことを確認してから，さらにローカルさんの協力で変調具合をモニターしていただくことをお勧めします．特に過変調には十分注意しましょう．

■ 使い方

　CQマシンの使い方を**図1-2-10**を見ながら簡単に説明します．

POWER：CQマシンの電源がON/OFFします．ONになるとスイッチ上部の「赤色」LEDが点灯します．

PLAY：PTTがONになり送信状態になり再生が始まります．PLAYモードには「Normal」と「Repeat」があります．再生中には，「黄色」LEDが点灯します．

Normal：1回のみ再生します．「Normal」と「Repeat」切り換え認識LEDは「緑色」が点灯します．

Repeat：再生終了後，約6秒間受信状態になり，再び送信状態になり再生します．解除は，PTTスイッチをONにします．「Normal」と「Repeat」切り換え認識LEDは「赤色」が点灯します．

RECORD：PLAYスイッチと同時に押すと録音

Chapter 01　移動運用に便利な周辺機器の製作

写真1-2-19　実際の移動運用でのひとコマ

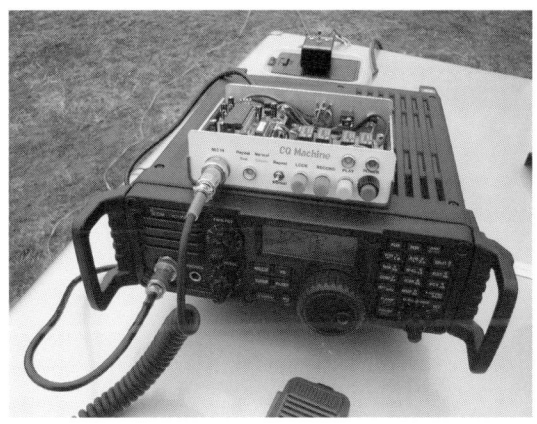

写真1-2-20　セットアップしたCQマシン

ができます（約30秒録音できます）．
LOCK：PTTがONになり送信状態で固定されます．解除は，PTTスイッチをONにします．

■ 移動運用使用記

　早春のある日「CQマシン」の実践テストを兼ねて移動運用に出かけました（**写真1-2-19**）．音声レベルは，自宅で事前に調整を済ませたので，セットアップ後にCQを出しました（**写真1-2-20**）．コンテストのように忙しくないので，珈琲を飲みながらノンビリQSOを楽しみめます．空振りが多くても「らくらく」ですね．
　ただし，変調（音質）に差があるので，相手局にはCQマシンを使用しているのがいとも簡単にわかってしまいます，hi．
注意：リピート機能をONのまま席を離れないようにしましょう！ 自動停止しないので，何回もCQを連発することになります．

■ まとめ

　このキットは，発売元であるキャリブレーションのWebサイトでは，上級者向けと表示されています．確かに，動作させるためにはいろいろと工夫する必要があるキットでした．しかし，作る楽しみが断然に味わえると思います．
　既製品も良いですが，アマチュア無線家として電子機器の製作を楽しむのもFBかと思います．ぜひ，挑戦してみてください．

〈JJ1JWE　神戸　稔　かんべ　みのる〉

開発者からひと言

■ CQマシンの開発とキット化

　本マシンは，6号機になります．作っても作っても，ICが生産中止になったためです．
　本機は，もともと友人がクラブで何か作ろうということで，始めた作品です．とにかく簡単に作れることが大事で，部品点数を大幅に減らす必要がありました．1号機の場合，何も考えず，PTTの制御，音声切り替えをハードで作りました．この辺までは，よかったのですが，次の機能UP作品では，製作者側から，複雑で製作できないとの声が出るようになり，以後PICを使用し，大幅なハード軽減を行いました．
　その結果，仲間内では，製作しやすくなったのですが，クラブ外の人には，作りにくいマシンになってしまいました．
　今回キット化された結果，この問題が解消され，すべての人に作りやすいマシンになったと思います．

JA3IAT　又吉　昭

1-3 寺子屋シリーズのSWRメータ・キットの製作
小型軽量で持ち運びが便利

移動運用に便利な小型のSWRメータを製作します．SWRメータを装備していない小型QRP機での移動運用にもってこいです．価格もお手ごろなので，見逃せない1台ですよ．

■ はじめに

筆者は，主に50MHzのQRPで移動運用を楽しんでいます．アンテナは，移動場所によっていろいろと使い分けていますが，リグは数世代前（1978年製）のナショナルのRJX-610（50MHz SSB/CW 出力1W/5W）を愛用しています．

最近のリグには，SWRメータが装備されており，移動運用先でのアンテナ調整に利用できますが，RJX-610にはSWRメータが装備されていません．そこで，QRP用に小型で持ち運びが便利なキットのSWRメータを製作することにしました．

今回製作するのは，キャリブレーションから発売されている，FCZの寺子屋シリーズキットNo.151「トロイダルコアを使ったSWRメータ（**写真1-3-1**）」です．測定範囲は1.9MHz～50MHz，大きさは83×36×53（mm）と小型で，目的にピッタリです．このキットには，コネクタがM型とBNC型の2種類ありますが，リグに合わせてM型を選択しました．

また，このキットは「クラス上級」となっているのですが，はんだ付けの経験がある方なら，マニュアルに沿って組み立てれば，そう無理なく組み立てられると思います．

■ 準 備

このキットには，ケースも含めてすべてのパーツが含まれています．ほかに準備するパーツはありませんが，調整用にダミーロードが必要です．通常ダミーロードと言えば50Ωが定番ですが，

FCZの寺子屋シリーズキット No.151
トロイダルコアを使ったSWRメータ
価格 3,800円（税込み，送料別）
● キットの発売元
キャリブレーション
http://calibration.skr.jp
TEL 06-6326-5564

写真1-3-1　今回製作する「トロイダルコアを使ったSWRメータ」

Chapter 01 移動運用に便利な周辺機器の製作

ここでは50Ωダミーロード以外にSWRが1.5となる,75Ωまたは33Ωのダミーロードも準備する必要があります.

私は,2Wの金属皮膜抵抗で33Ω,50Ω,75Ω,100Ωの4種類のダミーロードをM型プラグにはんだ付けして自作しました(**写真1-3-2**).同じシリーズ・キットのNo.213Aに「SWR校正用ダミーロード」が発売されているので,一緒に購入されるのもよいかと思います.

用意する工具は,通常のドライバやニッパ,はんだごてのほか,若干特殊な工具として,ボリュームのつまみを取り付ける際に使用する六角レンチと,トリマ・コンデンサを調整するための調整ドライバが必要です.トリマ・コンデンサの調整ドライバの持ち合わせがなければ,竹の串かプラスチックの適当な棒の先をマイナス・ドライバのような形に,カッターで削って代用することも可能です(**写真1-3-3**).

■ 部品の確認

キットを組み立てる前に,部品表と照らし合わせて,部品が間違いなくそろっているかを確認します(**写真1-3-4**).これは,キットを作るうえでの基本的な作業です.まれに,部品が不足していたり違う部品が入っていたりということがあるからです.

パーツに誤りがあったとき,手持ちの部品で対応できればいいのですが,そうでなければ部品の交換のために,何日も作業が止まってしまうこともあります.そして極端な場合,未完成のままお蔵入りということも….

こんな事態にならないよう,部品の確認作業はしっかり行ってください.

■ 製作開始

部品の確認が済んだら,マニュアルをしっかりと読んで,動作原理と製作の手順を頭に入れておいてください.

それでは製作に進みます.このキットには,動作原理と製作手順が図入りで詳しく説明されたマニュアルが添付されています.手順に従って製作すれば,半日程度で調整まで完了できると思います.

写真1-3-2 調整用のダミーロード
5D用M型プラグに2Wの抵抗をはんだ付けして自作した

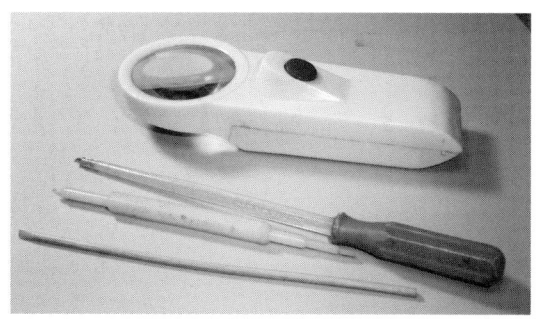

写真1-3-3 調整ドライバ
一番手前が竹串を削ったドライバ

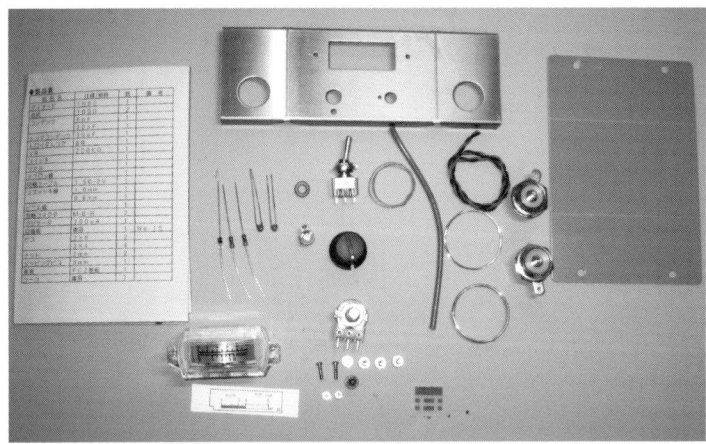

写真1-3-4　キットの内容と部品表
部品点数は少ないので安心

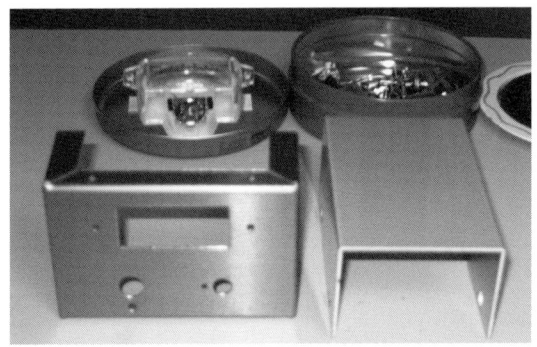

写真1-3-5　折り曲げが済んだケース
穴あけ加工が済んでいるのはありがたい

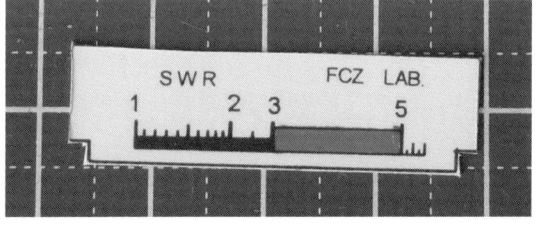

写真1-3-6　マジックインキで赤く塗った目盛り板
添付されていた目盛板のフルスケールの位置には「∞」ではなく「5」となっている．念のため電流を測定したところ「5」の表示の位置でピッタリ200μAだった

　特に注意する点は「立体配線」を伴うことです．これはFCZ基板をφ1mmのスズメッキ線で空中（？）に固定するとともに，アース配線を兼ねています．詳しくは，後ほど説明します．

① ケースの組み立て

　ケースの組み立てはいたって簡単です．折り紙のように手で簡単に曲げられます．曲げ加工が済んだら添付のタッピング・ネジでケースにネジ切りをします．ネジ切りと言っても柔らかいアルミ板なので，加工に苦労はありません．ゆっくりと締めては戻しを少しずつ繰り返しネジを切ってください（**写真1-3-5**）．

② 目盛り板の加工と取り替え

　メータの目盛り板を交換します．プラスチック製のSWR値が表示されている目盛り板が添付されているので，マニュアルを参考に現在付いている目盛板を取り外し，添付の目盛板に取り替えてください．

　マニュアルにあるように，SWRの3から上の範囲を赤のマジックインキで塗りました（**写真1-3-6**）．SWRメータの雰囲気が出てFBです．

③ パーツの加工

6ピンのトグル・スイッチのクロス配線と100Ω抵抗2個の取り付け，同軸ケーブルの加工，トロイダル・コアへの巻き線，φ1mmスズメッキ線の加工，最後にFCZ基板の組み立てへと進みます．

よくマニュアルを読めば，迷うところはないでしょう．

④ ケースへの部品の取り付け

ケースには，必要な穴はすべてあいてます．メータ用の四角い穴の繰り抜き作業などは結構やっかいな作業ですが，加工済みなのでまったく手がかかりません．

ボリューム，配線済みの6ピン・スイッチ，M型コネクタをしっかり固定してください．

⑤ 配線

パーツの取り付けが済んだら，次は配線です．まず，マニュアルに沿って加工した同軸ケーブルを巻き線の済んだトロイダル・コアに通し，同軸ケーブルの芯線をケース両端のM型コネクタの中心にはんだ付けします．同軸の網線は，片側のみコネクタのアース端子に，はんだ付けをしてください．

トロイダル・コアの外側に，シールド用のφ0.6mmのスズメッキ線を巻きつけますが，この作業は，次のFCZ基板の取り付け前に済ませておきます．

次に，トロイダル・コアの巻き線を6ピン・スイッチの端子に，はんだ付けをします．極性がありますが，6ピン・スイッチの「REF」と「FWD」が逆になるだけなので，気にせずにはんだ付けし，完成後ケースにラベルを貼り付けるときに合わせれば大丈夫です．

ここまで済んだら，FCZ基板を取り付ける前にコイルの配線やシールド用のスズメッキ線などが，6ピン・スイッチに接触しないようバランスよく形を整えておいてください．FCZ基板を取り付けた後では，整形しにくくなります．

配線の整形が済んだら，FCZ基板をφ1mmのスズメッキ線で立体配線します．このあたりは**写真1-3-7**をご覧いただくとわかりやすいと思います．

まず，φ1mmのスズメッキ線のV型に分かれた長いほうを，M型コネクタのアース端子にはんだ付けし，ダイオードと5pFのコンデンサが最短で無理なく取り付けられるか確かめてください．問題がなければしっかりとはんだ付けをしなおし，次に，短いほうを6ピン・スイッチにはんだ付けします．これでFCZ基板はしっかりと固定されます．

続いて，ダイオードと5pFのコンデンサをはんだ付けし，メータへのリード線を配線して完成です（**写真1-3-8**）．

■ 調整

調整といっても難しくはありません．ポイントは次の2点です．

- 50Ωのダミーロードを接続しトリマ・コンデンサを回し，*SWR*が1になるように追い込む
- 次にダミーロードを75Ωまたは33Ωに取り替え，*SWR*が1.5を指していることを確認する

配線の誤りや接触，はんだ付け不良などがなければしっかり動作してくれます．

調整は次の手順で行います．

① SWRメータのOUT側のコネクタに50Ωのダミーロードを，IN側にトランシーバの出力

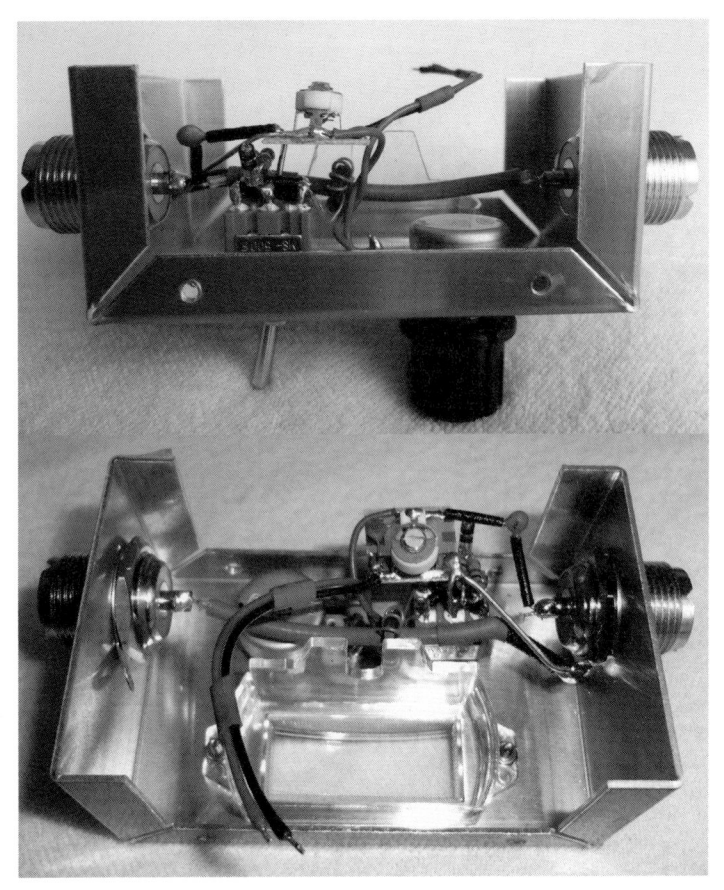

写真1-3-7　組み立て中のようす

写真1-3-8　組み立てが完了したSWRメータ

Chapter 01 移動運用に便利な周辺機器の製作

写真1-3-9 較正作業開始
本機にトランシーバとダミーロードを装着

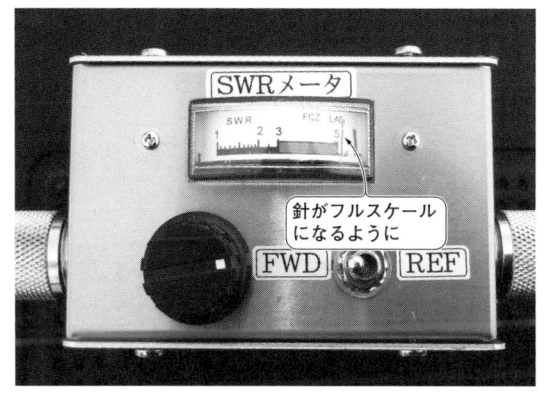

写真1-3-10 メータの針がフルスケール（ちょうど「5」の位置）になるようにボリュームを調節

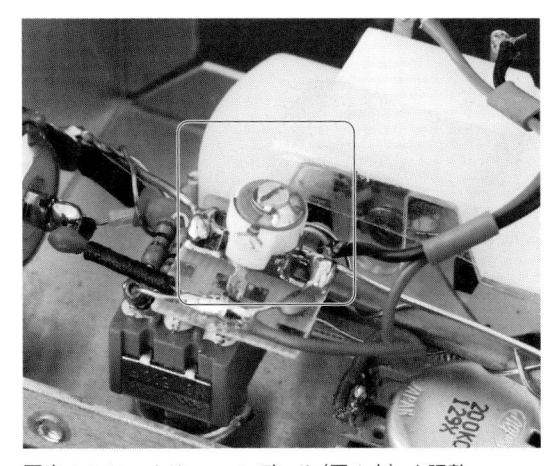

写真1-3-11 トリマ・コンデンサ（囲み内）を調整

をそれぞれつなぐ（**写真1-3-9**）．周波数は使用する一番高い周波数とする．筆者は50MHzで調整．

② トランシーバの送信出力をLOW（1W）にしキャリアを送信した状態で，6ピン・スイッチを左右に切り替えてみる．このとき大きく振れるほうが「FWD」で反対側が「REF」となる．もし針が振り切れるようなら，ボリュームで適度にしぼってみるとよい．

③ 6ピン・スイッチを「FWD」側にする．送信電力をHIGH（マニュアルでは5W以上となっている）にして，キャリアを送信する．

④ メータの針がフルスケール（ちょうど「5」の位置）になるようボリュームで調節する（**写真1-3-10**）．

⑤ 6ピン・スイッチを「REF」側に切り替えて，メータの針の位置を確認する．針の値ができるだけ「1」を示すように，30pFのトリマ・コンデンサを調整する（**写真1-3-11**）．

⑥ 次は，ダミーロードを75Ωまたは33Ωに取り替え，6ピン・スイッチを「FWD」側に切り替えて「5」の位置になるようボリュームで調整する．

⑦ 6ピン・スイッチを「REF」側に切り替えると今度は1.5付近をを指していると思われる（**写真1-3-12**）．

以上の手順で調整は終了ですが，念のため，①から⑦の手順を数回繰り返してください．

筆者は，先に紹介したように100Ωのダミーロードも製作したので，これでSWRが「2」を指すことも確認しています（**写真1-3-13**）．

写真1-3-12　ダミーロードを75Ωに交換 SWRが1.5付近を指している

写真1-3-13　100Ωのダミーロードを接続するとSWRは2を指した

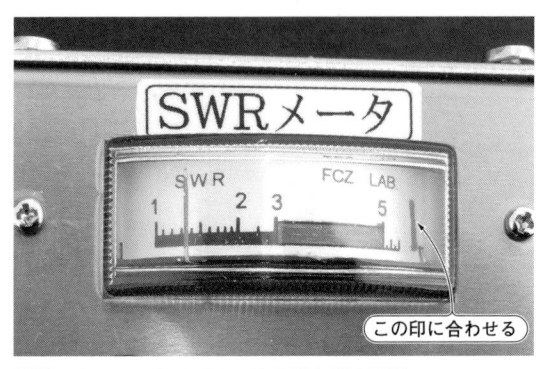

写真1-3-14　LOWパワー時の測定用の目印

写真1-3-15　完成したSWRメータ

　今度はLOWパワーでの調整です．送信出力をLOWにして75Ωのダミーロードを接続してSWRを測定すると，1.2程度に下がってしまいます．この状態でボリュームを調節し指示を1.5に合わせてください．6ピン・スイッチを「FWD」側に切り替えると針は「5」をオーバーしてしまいます．このときの針の位置をメータにLOWパワー測定時のセット位置として印しておきます（**写真1-3-14**）．

　調整は以上で終了です．後は，ラベル・ライター（テプラなど）で，パネルに表示する文字のラベルを作成し，貼り付けて完成です（**写真1-3-15**）．ついでに底面と側面に両面接着テープの付いているゴム足を取り付けておきました（**写真1-3-16**）．

■ 移動運用

　キットの完成を機に，所属するクラブのメンバーに声をかけて移動運用に出かけました．

　アンテナの設営が終わり，いよいよSWRメータの出番です．SWRメータの使い方は次のとおりです．

① IN側にトランシーバ，OUT側にアンテナを

Chapter 01　移動運用に便利な周辺機器の製作

写真 1-3-16　底面に取り付けたゴム足

写真 1-3-17　移動運用先で *SWR* を測定中

つなぐ

② スイッチを「FWD」側にして，キャリアを送信する．ボリュームを調整して，メータの針を「5（LOW パワーのときは LOW パワーセット位置）」にセットする

③ いったん送信を止めて，スイッチを「REF」側にする

④ もう一度送信すると，メータに SWR 値が表示される

あとは，SWR メータを見ながら，*SWR* が最小になるようにアンテナを調整します（**写真 1-3-17**）．*SWR* は 2 以内に収まっていればまったく問題なく，十分実用的です．

■ ケースのフィルム

このキットのアルミ・ケースには保護用の青いフィルムが貼ってあります．これをはがして塗装するようマニュアルには書いてありますが，フィルム色のブルーがきれいで，かなりしっかりと貼り付けられているので，はがさずにそのまま塗装代わりにしています．将来フィルムが破れたらはがして塗装しようと思っています．

■ メーカー製の SWR メータと比べてみる

今回製作した SWR メータと，自宅で使用しているクラニシの SWR メータ比較テストを行いました（**写真 1-3-18**）．リグの出力は，50MHz CW の 5W/0.5W です．

測定結果は，クラニシの SWR メータより多少高めの値を指しました．シールドや部品の配置などを再調整すれば若干改善されると思いますが，多少の誤差は気にしないことにしました．

今回製作したような小柄の SWR メータでは，精度を期待するよりは，移動運用時にアンテナからの反射波が十分に小さいことを確認できる「SWR チェッカー」として機能してくれれば満足です．

移動運用をもっと楽しむための製作集

写真 1-3-18　比較測定に使用したクラニシの SWR メータ

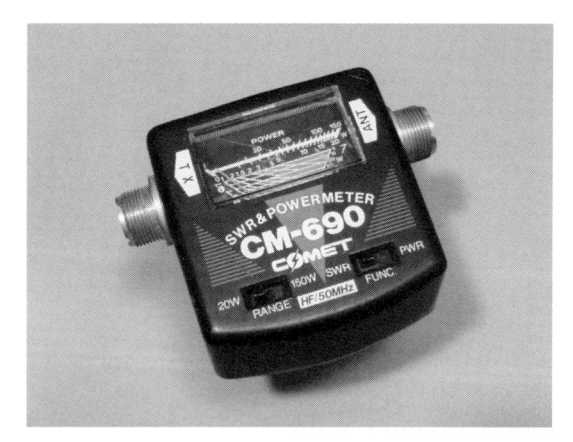

写真 1-3-19　以前販売されていた HF/50MHz 帯用小型 SWR メータ

■ 最後に

　今回，移動運用にと製作した小型 SWR メータですが，小ささと自作の楽しさを仲間に披露し，仲間との SWR を大いに下げることにも活躍しました．

　以前は，HF/50MHz 帯に使える小型の SWR メータが市販されていましたが（**写真 1-3-19**），現在は発売されていないようです．この SWR メータは，これらのバンドで移動運用をするときにはもってこいだと思います．しかも，うまく作れば 144MHz にも対応するそうなので，ぜひ確認してみてください．

　この CM 型＊ SWR メータは，周波数特性がフラットでかつ高感度ということから多くの製作例が発表されています．CQ 出版社から発売されている「トロイダル・コア活用百科（山村英穂 著）」には，詳しい解説とあわせて製作記事が掲載されていますのでぜひ参考にしてみてください．

〈JF1GUP　横沢 一男　よこさわ かずお〉

＊：容量（C）結合と誘導（M）結合で構成されることから CM 型と呼ばれる

Chapter 01 移動運用に便利な周辺機器の製作

Column 01 パーツの数値の読み方と極性

電子工作を楽しむうえで，部品の値の読み方や部品の極性などを知っておく必要があります．ここに主な部品のものを紹介します．

● 抵抗のカラー・コード

抵抗のカラー・コード（**表A**）は端に寄っているほうから読んでいきます．1桁目と2桁目は数値，3桁目は乗数，4桁目は誤差を表します．

● 抵抗とコイルの表示

抵抗とコイルの値を3桁での表示の例を**表B**に示します．

● コンデンサの容量

セラミック・コンデンサなど，容量を3桁の数字で表しているものの数値の読み方です（**表C**）．最初の2桁×10の3桁目乗数＝容量(pF)になります．

● 部品の極性

極性がある部品は，間違えないように取り付けなくてはなりません．その代表的なものを示します．

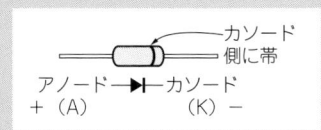

図A　ダイオード

図B　LED

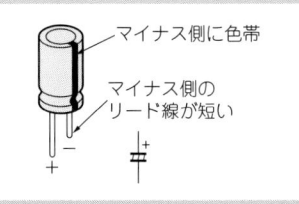

図C　電解コンデンサ

表A　抵抗のカラー・コード

色	第1数字	第2数字	乗　数	誤差（%）
黒	0	0	10^0	―
茶	1	1	10^1	±1
赤	2	2	10^2	±2
橙	3	3	10^3	―
黄	4	4	10^4	―
緑	5	5	10^5	―
青	6	6	10^6	―
紫	7	7	10^7	―
灰	8	8	10^8	―
白	9	9	10^9	―
金	―	―	0.1	±5
銀	―	―	0.01	±10
色をつけない	―	―	―	±20

表B　抵抗とコイルの表示例

表示例	抵抗	コイル	表示例	抵抗	コイル
106	10MΩ	―	(010)	―	―
105	1MΩ	―	1R0	1Ω	1μH
104	100kΩ	100mH	0R1	―	―
103	10kΩ	10mH	R10	0.1Ω	0.1μH
102	1kΩ	1mH	10N	―	10nH
101	100Ω	100μH	1N0	―	1nH
100	10Ω	10μH			

表C　コンデンサの容量

表示	容量	表示	容量	表示	容量
10	10pF	102	1000pF	104	0.1μF
15	15pF	152	1500pF	154	0.15μF
22	22pF	222	2200pF	224	0.22μF
33	33pF	332	3300pF	334	0.35μF
47	47pF	472	4700pF	474	0.47μF
68	68pF	682	6800pF	684	0.68μF
101	100pF	103	0.01μF	105	1μF（1000nF）
151	150pF	153	0.015μF	155	1.5μF（1500nF）
221	220pF	223	0.022μF	225	2.2μF（2200nF）
331	330pF	333	0.033μF	335	3.3μF（3300nF）
471	470pF	473	0.047μF	475	4.7μF（4700nF）
681	680pF	683	0.068μF	685	6.8μF（6800nF）

Chapter 02

移動運用のためのアンテナ製作集

2-1 7MHz用釣り竿アンテナの製作
モービル基台に直接つなぐ

　移動運用に便利な，7MHz帯用釣り竿ホイップ・アンテナを製作します．全長は約5mながら，組み立て式でコンパクトに持ち運べます．市販のモービル・ホイップにはない広帯域と，飛びのよさを実感してみてください．

■ はじめに

　釣り具店で入手できるグラスファイバ製の釣り竿を使って，7MHz用1/4λのホイップ・アンテナを作ります（**写真2-1-1**）．車での移動運用を主体として，既存のアンテナ基台やマグネット基台でも使用できるようにしました．アンテナは，釣り竿を使ったエレメント部とコイルを巻いた支持パイプ部の二つに分けられる組み立て式です．コンパクトに収納できるので，持ち運びにも便利です．

　釣り竿アンテナというと，オート・アンテナ・チューナ（ATU）を使ったHF帯から50MHz帯まで出られるロング・ワイヤ・アンテナと思われがちですが，今回は，ATUを使わずにオン・エアできる，モノバンド・アンテナとしました．

　ただし，アンテナは全長が約5mもあるので，走行中の使用はできません．駐車場や堤防，公園などに車を止めた状態で使用してください．また，設置には大型アンテナ用の基台を必ず使用してください．

■ 全体構造

　このアンテナは，ベースローディング型のモノバンド1/4λホイップ・アンテナです（**写真**

写真2-1-1 今回製作するアンテナの全景

Chapter 02　移動運用のためのアンテナ製作集

2-1-2)．7MHz の帯域に合わせるため，釣り竿の中に通したエレメントの長さ調整のほかに，ローディング・コイルのタップで調整を可能にしています．

1/4λのアンテナなのでアースかラジアルが必要になります．基台をボディ・アースしたものでも，容量結合のアース・マット（**写真 2-1-3**）でも運用ができます．

アンテナは，釣り竿と釣り竿を垂直に支持する塩ビ・パイプ，アンテナ基台へ接続する MP コネクタを組み付けた塩ビ・パイプのソケットで構成されています．ローディング・コイルは釣り竿支持パイプに直接巻きました（**写真 2-1-4**）．

グラスファイバの釣り竿の中にφ1.0mm ほどのステンレス・ワイヤを通し，垂直エレメントにしています．この方法だと，釣り竿を途中で分割することなく，全長をエレメントにできるので，比較的製作しやすい構造だと思います．

このアンテナは，ベース・ローディング方式を採用しており，コイルは手が届く低い位置にあるので，タップ位置の調整を簡単に行えます．以前，センター・ローディング方式のアンテナを製作したのですが，アンテナを設置してしまうとコイルの位置が高くなり，タップの調整には脚立が必要という不便を感じたため，この方式としました．

■ おもな材料と部材

グラスファイバの竿には，いろいろな長さがありますが，釣具店で手に入りやすいのは 4.5m か 5.4m です．

仕舞い寸法（縮めたときの長さ）は 1 ～ 1.2m で 5 段がほとんどです．この長さに収めると，釣り竿ケースにちょうどよく収納が可能で，もち運びにも便利になります．

今回は，長さ 4.5m で 5 段の中硬を使いました．

写真 2-1-2 コイルがコネクタに近い位置にあるベース・ローディング・タイプ

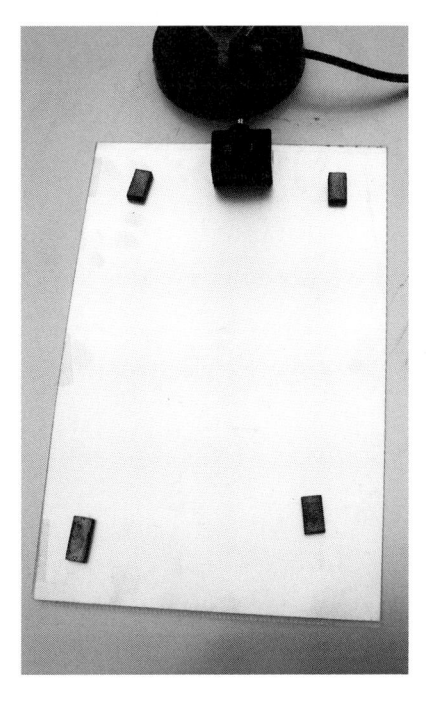

写真 2-1-3 自作のアース・マット

写真 2-1-4　コイルは釣り竿のベースとなる支持パイプに巻く

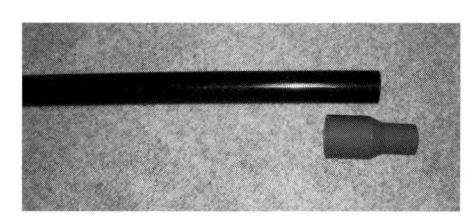

写真 2-1-5　約 60cm の塩ビ・パイプ VP25 と異径ソケット 25×16 を利用する

表 2-1-1 | ホイップ・アンテナ・パーツ・リスト

品　名	品番・仕様	個　数
4.5m 釣り竿	グラスファイバ100%	1 本
塩ビ・パイプ	VP25	60cm
異径ソケット	25×16	1 個
MP コネクタ	10D-2V 用	1 個
ステンレス・ワイヤ（エレメント用）	φ1.0mm	6m
メッキ線（コイル用）	φ1.0mm	6m
メッキ線（コイル-MP コネクタ接続用）	φ1.0～1.2mm	1m くらい
3mm タッピング・ビス		数個
IC クリップ		1
圧着端子	2-4	数個
圧着ギボシ端子	PC-2005（ニチフ製）	1 組
ファストン端子		1 組
自在ブッシュ（150mm）		4 本
ロープ・クリップ	細め用	1 個
銅箔テープ		30cm くらい
接着剤	塩ビ・パイプ用	少々
両面テープ		少々

硬調・中硬などの違い（しなり具合だそうです）で数種類あり，根本部分の太さが異なります．塩ビ・パイプに差し込んで支持する方式なので，根元の太さも購入するときに注意しましょう．今回の支持パイプは VP25（内径 25mm）なので根元径が 24mm 台の釣り竿を選びます．

　根元の M 型コネクタを取り付ける部材は，塩ビ・パイプの異径ソケット（太さが異なる塩ビ・パイプを接続するため部品）です（**写真 2-1-5**）．

　そのほかに必要な材料も含めて，今回使用するものを**表 2-1-1** に示します．

■ 製作しましょう

　MP コネクタと釣り竿以外は，近くにあるホームセンターですべての部品がそろうでしょう．材料がそろったら製作を開始します．

① **基礎部分への MP コネクタの取り付け**

　25×16 の異径ソケットの VP16 側に MP コネクタを取り付けます（**写真 2-1-6**）．使用する MP コネクタは，締め付けリングが丈夫な物を使用します．4.5m の釣り竿は，約 300g の重量があります．その全長 4.5m ＋支持部分の長さで約 5m のエレメントになります．その曲げモーメントがこのコネクタ部分に集中するので，

Chapter 02　移動運用のためのアンテナ製作集

写真2-1-6　異径ソケットの細いほうにMPコネクタを挿入する

写真2-1-7　コネクタにある回り止めのツメを削っておかないとMPコネクタを一番奥までねじ込めなくなる

できるだけ丈夫なコネクタを使用するようにしてください．ここでは10D用のMPコネクタを使用しました．

　VP13用のジョイント（内径19mm）にちょうど差し込める5D用のMPコネクタもありますが，締め付けリングが薄いので強度が不足するようです．筆者の場合，ルーフ基台にねじ込めましたが，変形して緩まなくなってしまい，作り直しました．

・コンタクトの処理

　はじめに10D用MPコネクタの中央コンタクト固定の処理を行います．MPコネクタの空回り止めの爪をやすりで削ります（**写真2-1-7**）．こうしておかないと，MJ側にキッチリとねじ込むことができません．忘れずにやっておきましょう．

・コンタクト部のはんだ付け

　M型コネクタをMJ側にねじ込んだ状態にして，コネクタの中央コンタクト部が動かないように，はんだ付けをします．**写真2-1-8**のようにマグネット基台にねじ込んで行うとやりやすいと思います．60W以上のはんだごてのほうが作業がしやすくなります．

写真2-1-8　マグネット基台に取りつけてから作業をするとやりやすい

・MPコネクタの異径ソケットへの差し込み

　次に，異径ソケットVP16側の内径は約21mm，10D用のMPコネクタの外径は約20mmなので，銅テープを重ね巻きして隙間を埋めてちょうど入るように太らせます（**写真2-1-9**）．加工したM型コネクタに接着剤を付けて，ジョイントを差し込みます．完全に固まるまで待ちましょう．

　ビニル・テープでも，隙間調整はできますが，柔らかい材料なので力がかかると変形してしま

移動運用をもっと楽しむための製作集 | 45

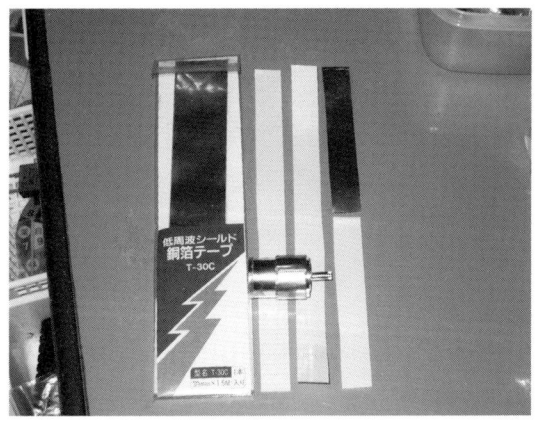

写真 2-1-9　銅テープを巻きつけてコネクタを太くする

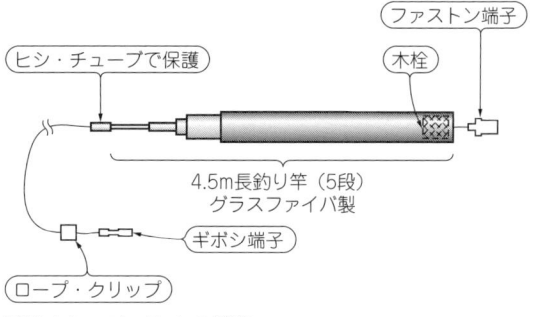

図 2-1-1　エレメントの構造

表 2-1-2　4.5m 釣り竿の寸法の一例　〔mm〕

段数	先端φ	根元φ
5段目	2.1	5.2
4段目	6.2	11.6
3段目	12.9	15.8
2段目	17.0	20.5
1段目	22.1	24.5

写真 2-1-10　釣り竿根元部分の取り外し

い，どうしても緩みが出てしまいます．

② 釣り竿部分の加工

　エレメントとなる釣り竿部分の加工を行います．エレメントの構造は**図 2-1-1** のようになるので，それに合わせて作業を進めます．

・釣り竿の確認と不要部分の除去

　まずは購入した竿の寸法を測ります．根元の太さを測り，VP25 に入ることを確認します（**表 2-1-2**）．根元のプラスチックのカバーは不要なので取り除きます．金のこで切れ目を入れてから，マイナス・ドライバを使ってはがすようにしていくとよいでしょう（**写真 2-1-10**）．

　次にワイヤ・エレメントが通せるように，竿の先端部分まで中空になっているかを確認します．今回使用した釣り竿は先端まで中空でした．

・ワイヤ・エレメントの挿入

　確認ができたら，φ1.0mm のステンレス・ワイヤを竿の根元から通していきます．釣り竿の先端部分は割れやすいので，ヒシ・チューブを被せて強化します．

　エレメントの長さは，竿の長さ 4500mm ＋余長 200mm の全長 4700mm となりました．200mm の余長は，根元と先端部分で作ります．先端部分には，圧着ギボシ端子（ニチフ PC-2005）を付けておきます．エレメントの長さが不足したときに延長できるようにするためですが，ステンレス・ワイヤの先端がバラけるのも防げます（**写真 2-1-11**）．

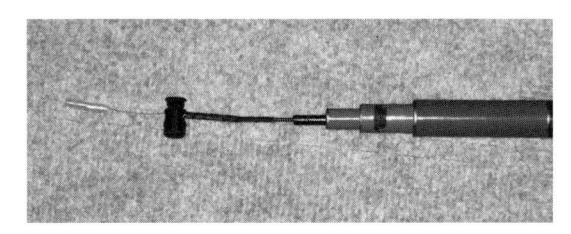

Chapter 02 移動運用のためのアンテナ製作集

写真 2-1-11 釣り竿の先端部分
竿の先端を保護するためにヒシ・チューブで保護する．ステンレス・ワイヤの先端にはエレメント延長用のギボシ端子，ワイヤの動きを止めておけるロープ・クリップも付けておく

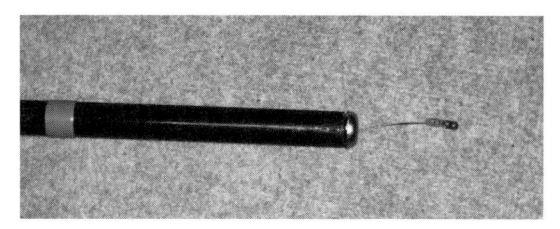

写真 2-1-12 釣り竿の根元には竿がすべて抜け落ちてしまわないように栓を付けておく

写真 2-1-13 釣り竿の落ち止め加工
釣り竿に巻いたビニル・テープと支持パイプに取り付けたタッピング・ビス

　先端側にロープ・クリップ（巾着の紐を止める部品）を付けておくと，ワイヤ・エレメントの動きを止めておけます．根元部分にはオスのファストン端子を付けておき，ローディング・コイルから出ているメスのファストン端子に接続します．

- **根元に栓を付ける**

　釣り竿の根元部分は切り取ってしまっているので，縮めたときに竿がすべて抜け出てしまいます．そこで簡単な栓を付けます（**写真2-1-12**）．栓は木の丸棒にテープを巻いて太さを合わせています．これ以外にも，釣り具店で販売されている，各種口径のゴム・キャップを使うことも可能です．

- **支持パイプに差し込むときのストッパとしてビニル・テープを巻く**

　釣り竿を支持パイプに差し込んだとき，所定の深さで止めるためのビニル・テープを巻きます．竿の外径と塩ビ・パイプの内径はほぼ同じだったので，数回巻いておくとストッパの役目を果たしてくれます．竿の根元から20cmのところに巻くようにします．支持パイプにも，落ち込み防止のタッピング・ビスを追加しておきます（**写真2-1-13**）．

③ **ローディング・コイルの計算**

　ローディング・コイルの大きさや巻き数を割り出すために，インターネット上のツールを利用しました．

- **インダクタンスの計算**

　JA1HWO 菊地さんのWebサイト（**http://mk1502.web.fc2.com**）に，とても便利なツールがあります（Tnx OM）．「短縮ホイップ・アンテナに使うローディングコイルの計算」に，エレメント長やエレメントの太さ，周波数を入力すると，コイルのインダクタンスが計算できます．

　上側のエレメント長は4.7m，コイルとMPプラグの間は0.23m，同調させる周波数7.1MHz，ワイヤ・エレメントの太さはφ1.0mmなので，このように値を入力すると（**写真2-1-14**），コイルのインダクタンスの計算結果が表示されます．結果は約14.7μHとなりました．この値を元にコイルの長さ，巻き数を別の計算ツールを使って求めます．

移動運用をもっと楽しむための製作集 | 47

• コイルの巻き数と長さの計算

　コイル巻き数と長さを計算ツールを使って求めます．

　JR6BIJ局のWebサイト（**http://jr6bij.hiyoko3.com**）に，たいへん便利な計算ツール（**写真2-1-15**）があるので，利用させていただくことにしました（Tnx OM）．

　先に計算したコイルのインダクタンス14.7μHと，支持パイプおよび自在ブッシュを合わせた直径36mmを「巻き数を求める」の式に入力して巻き数と巻き幅を計算します．この式には巻き幅の値が必要なので，仮の値を入れて計算していきます．コイルを巻く自在ブッシュが3mmピッチなので，仮に20回分の60mmと入力してみます．29.6回と出ました．

　20回分のスペースに29.6回は巻けないので，倍の40回分120mmを入力します．39.5回と出ました．これならピッタリ巻けますね．

　ここで導き出した巻き数40回（40ターン）と巻き幅120mmの15μHで，ローディング・

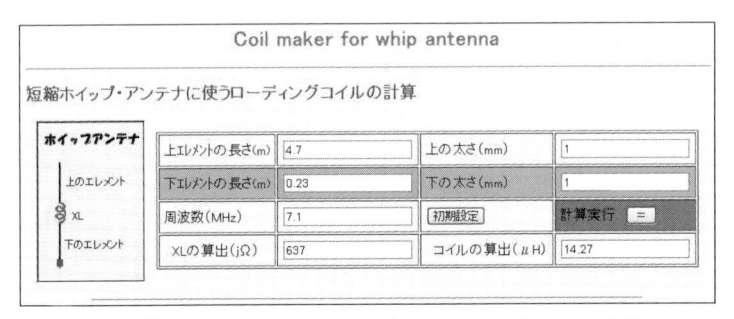

写真2-1-14　「短縮ホイップ・アンテナに使うローディングコイルの計算」
http://mk1502.web.fc2.com/sokuteiki/hp_antenna.htm

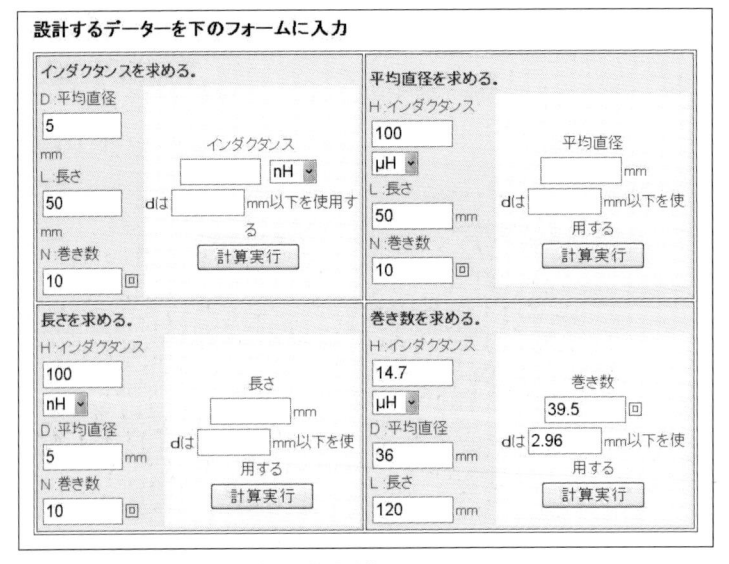

写真2-1-15　空芯コイルの簡易設計計算
http://jr6bij.hiyoko3.com/java_calc/coil.php

Chapter 02 移動運用のためのアンテナ製作集

コイルを巻きます．

最終的にはタップ調整をするので，少し多めに巻いておきます．

④ 支持部の加工とコイルを巻く

用意した60cmのVP25塩ビ・パイプにローディング・コイルを巻くとともに，MPコネクタへの配線および，ワイヤ・エレメントを接続するファストン端子部分を作ります．支持部の構造は**図2-1-2**のようになります．

支持パイプの寸法図（**図2-1-3**）をもとに，VP25塩ビ・パイプにコイルの巻き始め，巻き終わりの固定用タッピング・ビスの下穴，MPコネクタおよびワイヤ・エレメントへの通線孔をあけます．

- **コイルを巻きます**

先ほど計算した結果を参考にして，コイルを巻いていきます．

後でタップを出したりエレメント長の調整したりするので，あまり神経質にならずに結構適当に巻いても大丈夫です．なかなか計算どおりにはいかないものですから…．

コイルは計算したとおり，外径36mm，φ1.0mmのスズメッキ線，40ターン，長さ120mm（ピッチ3mm）です．しかし，コイルが短いと後から追加するのは大変なので，計算値より少し多めの45ターン，長さ135mmを巻くことにしま

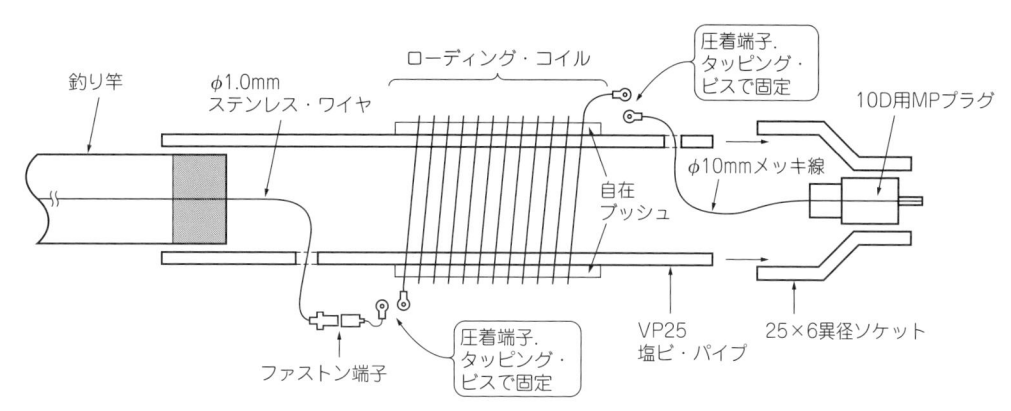

図2-1-2 支持パイプ部の構造

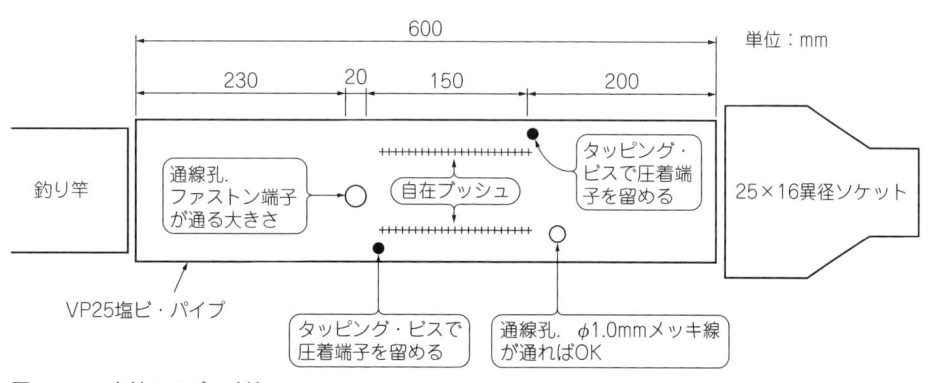

図2-1-3 支持パイプの寸法

す．多いようなら後からほどいてもかまいません．
　コイルを巻くための自在ブッシュ（**写真 2-1-16**）を，支持パイプに貼り付けます．自在ブッシュは両面テープを使って，90度の間隔をあけて4本貼り付けます．そこに，φ1.0mmのメッキ線でローディング・コイルを巻いていきます．
　支持パイプに始端を圧着端子で固定してから巻き始めます（**写真 2-1-17**）．巻き終わりを圧着端子で固定してひとまず完成です（**写真 2-1-18**）．

・コネクタ側への配線

　支持パイプ部の配線を行います．構造図（**図 2-1-2**）を参考にして，MPコネクタへの配線を通します．コイル下側の端子の横に設けた穴からメッキ線を支持パイプの中に挿入し，コネクタ側に引き出します．長めに引き出して，MPコネクタの中央コンタクトに通しながら，塩ビ・パイプ用の接着剤を塗布した異径ソケットに支持パイプを強く差し込みます．コイル下側の端子にメッキ線を留め，MPコネクタの芯にはんだ付けをします．

　文章にすると回りくどいですが，構造図を見てもらえば，あまり難しくないことがわかります．

・エレメント側への配線

　次にエレメント側の配線を行います．支持パイプに釣り竿を差し込んだとき，ワイヤ・エレメン

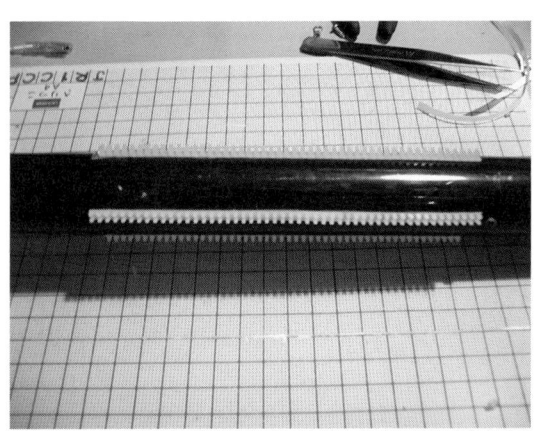

写真 2-1-16　コイルのガイドになる自在ブッシュを支持パイプに両面テープを使って貼り付ける

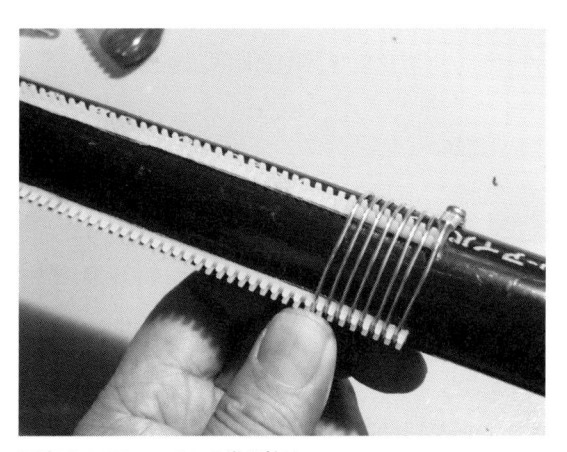

写真 2-1-17　コイルの巻き始め

写真 2-1-18　コイルを巻き終わったようす

トを支持パイプ上側にある通線孔から引き出さなくてはなりません．そのままでは，エレメントの引き出しは難しいので，引き出すためにメスのファストン端子を付けた30cmほどの引き出しケーブル（**写真2-1-19**）を用意しました．

コイル側からこのワイヤを支持パイプの中に差し込んでおき，釣り竿を支持パイプに差し込む前に，ワイヤ・エレメントに接続しておきます．釣り竿を差し込みながら，ワイヤ・エレメントを引き出します．

コイルの上側（エレメント側）には，メスのファストン端子を付けた短い接続ワイヤを付けておきます．通線孔から出てきたワイヤ・エレメントは，ここに接続します（**写真2-1-20**）．

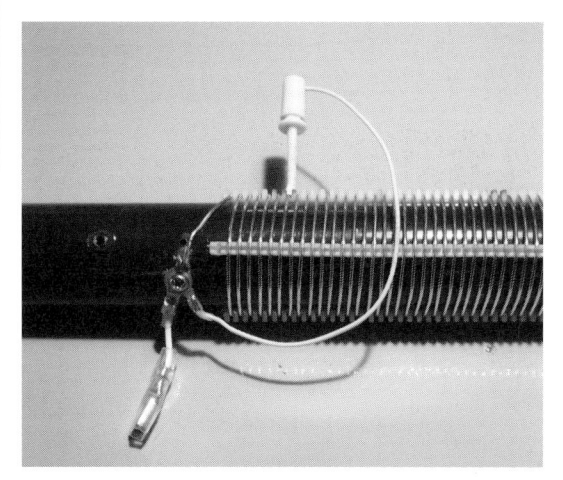

- **タップ調整用ケーブルの製作**

コイルのタップ位置を調整するための，ICクリップを利用したタップ調整用ケーブル（長さ120mm）を製作します（**写真2-1-21**）．片側に圧着端子，もう片側にコイルのメッキ線に留めるためのICクリップを取り付けます．

圧着端子側は，コイルの上側でメッキ線を留めた端子に，エレメントを接続するファストン端子付きのケーブルと一緒に共締めします．

これでコイル部分の完成です（**写真2-1-22**）．

⑤ **組み立て**

まず，エレメントを伸ばします．ステンレス・ワイヤは，丸めておいたもの（**写真2-1-23**）を放り投げるとクルクルと自然に伸びてくれます．無理に伸ばしたり引っ張ったりしてキンクを作ることは，絶対に避けてください．

支持パイプに釣り竿を差し込みます．このとき，

写真2-1-20　タップ調整用ケーブル

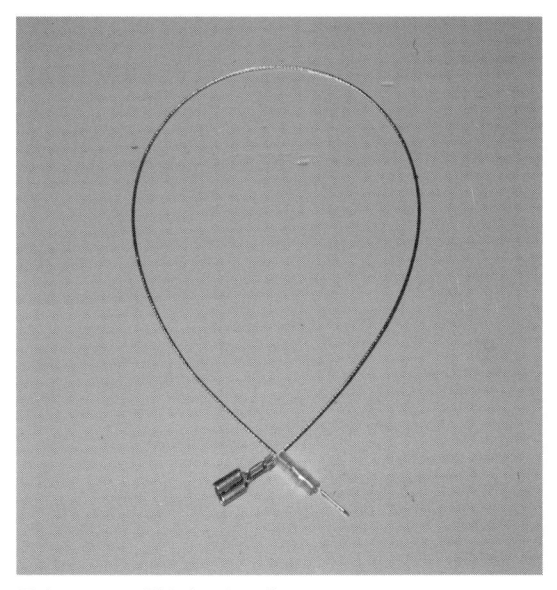

写真2-1-19　引き出しケーブル

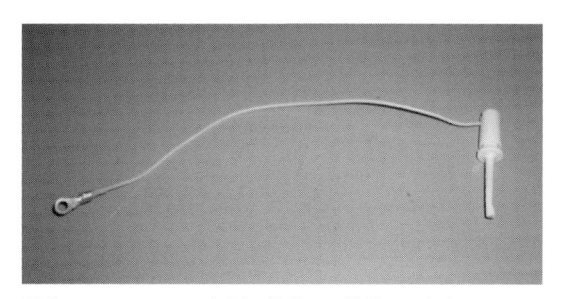

写真2-1-21　コイル上側の端子での接続のようす

ワイヤ・エレメント引き出し用のケーブルを使って，ワイヤ・エレメントを支持パイプの外側に引き出します．

支持パイプの横穴から引き出した端子を，ローディング・コイルに接続します．これで，全長約5mのベース・ローディング釣り竿ホイップが完成です．

このアンテナをモービル基台に取り付けます（**写真2-1-24**）．一般的なモービル・ホイップに比べるとその大きさに驚きです，hi．

■ 調整

十分なアースが取れている基台を用意して，テストを行います．このときは，マグネット基台とアルミ板の自作アース・マットを車のボンネットに固定して調整しました（**写真2-1-25**）．

アンテナ・アナライザを使って，SWRが下がっている周波数を探します．ローディング・コイルを多めに巻いたので，タップを接続しない状態では6.5MHz付近に同調しているのではないかと思います．

次にタップの調整です．タップ調整用ケーブルを，巻き数が少なくなる方向（コイル上側から下側に向かう方向）に付け替えます．すると，SWR最低点の周波数が高いほうに動きます．こ

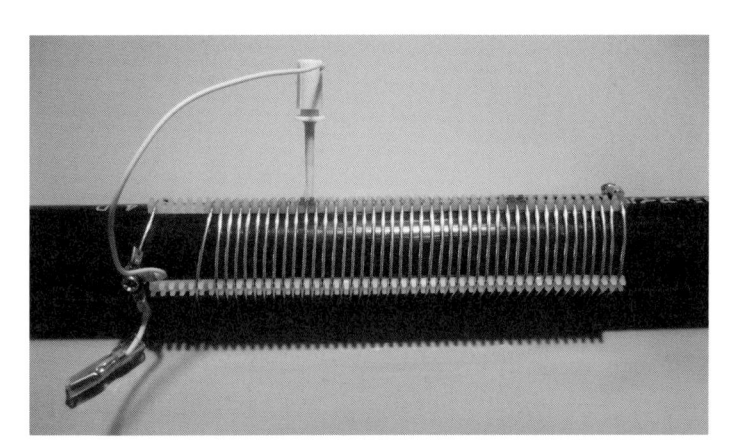

写真2-1-22 完成したコイル

写真2-1-23 組み立て前のエレメントのまとめ方の例

写真2-1-24 完成したアンテナを車に設置

Chapter 02 移動運用のためのアンテナ製作集

れを数回繰り返して，7.1MHzで最低になるようにタップ位置を調整します．筆者の場合はコネクタ側から数えて34ターン目でした．これで，調整はコイルのタップで7.1MHzを中心に動かせることになります．

調整した位置をマジックで印を付けておくと，次回から調整の手間が省けます．マジックで印を付けているところが，調整できたタップ位置です（**写真2-1-26**）．

写真2-1-27は，調整完了時のSWRグラフです．このアンテナの短縮率は50％程度ですが，7MHz帯の大部分をカバーしています．受信もバンド内どこでもS9の状態でした．

さらに，タップ位置をコネクタ側に移した（コイルを短くした）ところ，10.1MHzでもSWRが下がりました（**写真2-1-28**）．このアンテナ1本で，二つのバンドが楽しめそうです．

■ ローディング・コイルの修正

製作段階で多めに巻いたコイルの不要な部分を取り外します．コイルの計算値で出た値の40ターンまで減らしました．

コイルをビニル・テープで仮固定してから，タッピング・ビスを抜いて，メッキ線をほどきます．コイル全体で12.7μH，7MHzのタップ位置で

写真2-1-25 車のボンネットにアンテナを設置して調整を行う

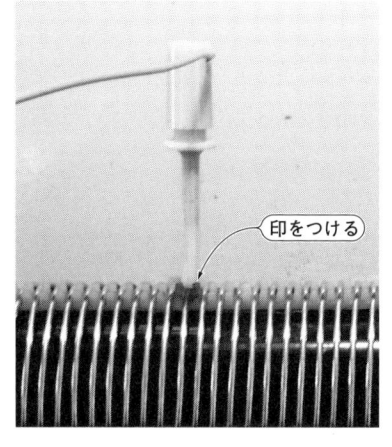

写真2-1-26 調整した場所にマジックで印をしておくと次回の調整が楽

写真2-1-27 7MHz帯のほぼすべてをカバーできている

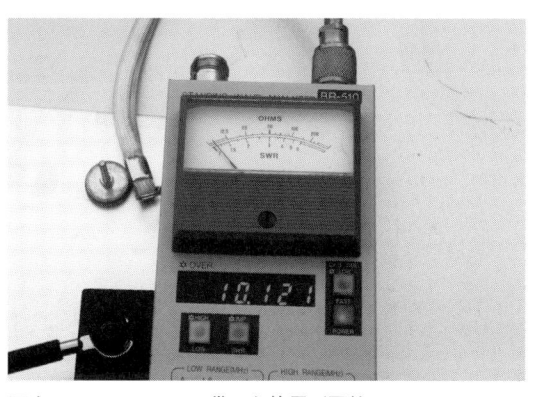

写真2-1-28 10MHz帯でも使用が可能

11.0μH となりました．

ただ，この作業は行わなくても性能に影響はありません．タップ位置も変わらないので，コイルの長さが気にならない方は，そのままでも大丈夫です．

■ 運用

できあがったアンテナをいつもの霞ヶ浦湖畔の公園と筑波山中腹に持ち出して，テスト運用を行いました（**写真 2-1-29**）．

にぎやかなバンド内で CQ を出している局を順に呼んでみます．ほとんどワン・コールで交信成立です．やはり 1m 台のモービル・ホイップとは受信・送信とも違います．なかなかの飛びに満足です．

■ 応用編

今回の釣り竿ホイップ・アンテナは，エレメントになる竿の途中に改造を加えていないのでいろいろな応用が可能だと思います．垂直エレメント約 4.5m をそのまま使用して，タップ位置を変えて 10MHz 用のホイップになりました．

コイルをショートしても，13.5MHz 付近までしか同調しなかったので，14MHz には使えませ

写真 2-1-29 でき上がったアンテナを使用して霞ヶ浦湖畔堤防の上での移動運用

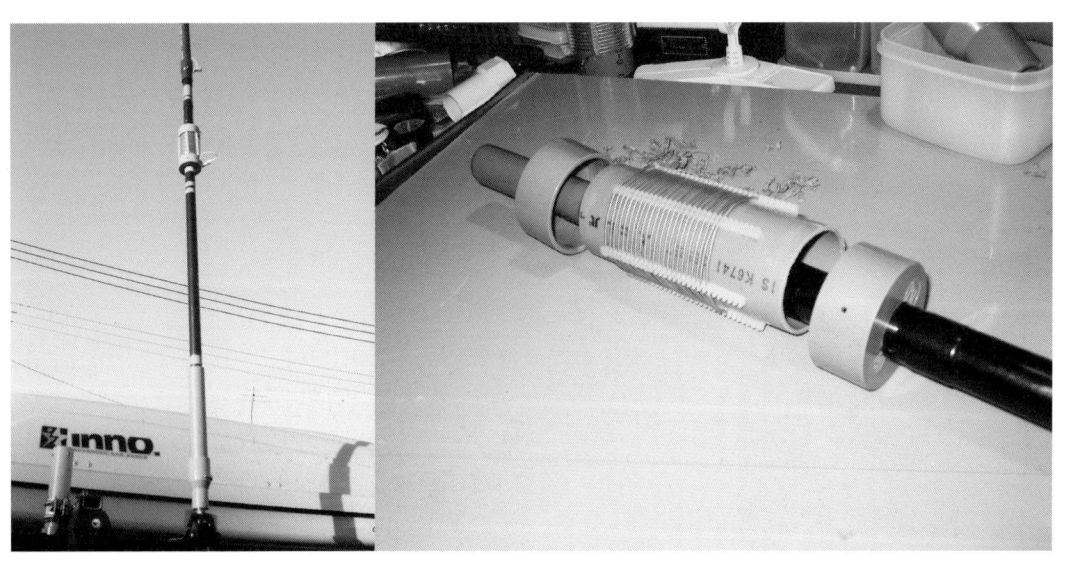

写真 2-1-30　竿の途中にローディング・コイルを挿入　コイルの固定方法が難しい

Chapter 02 移動運用のためのアンテナ製作集

んでした．もう少し短いエレメントにしておけば，14MHzでもそのまま使えたかもしれません．14〜28MHzにQRVする場合は，1/4波長フルサイズのホイップのほうがよいでしょう．

■ そのほかの製作方法

ここで紹介した方法以外にも，釣り竿ホイップ・アンテナを作る方法があります．実際に作ってみた感想を紹介しましょう．

① ローディング・コイルを釣り竿の途中に入れる

竿を途中でばらし，ローディング・コイルをシャフト（塩ビ・パイプ）などで中継する方法です（**写真2-1-30**）．コイルの支持に工夫が必要ですが，仕舞寸法が短くなるので保管，運搬に良いと思います．筆者も作ってみましたが，下側の竿と上側の竿のジョイント部分に苦労しました．

② 釣り竿にワイヤ・エレメントをはわせる

竿の根元に近い部分にローディング・コイルを配置し，エレメントを竿に沿って伸ばしていく方法です．簡単な方法ですが，見栄えはあまりよくありません（**写真2-1-31**）．ローディング・タイプのV型ダイポール用に作った片方のエレメントを1/4λのホイップとして利用しました．

③ 運用のたびにワイヤ・エレメントを釣り竿に巻く

ワイヤ・エレメントを，運用するたびに釣り竿に巻き付ける実験しました（**写真2-1-32**）．しかし，毎回同じピッチで巻くのは至難の技です．巻き付け状態が変わると，マッチングが取れてい

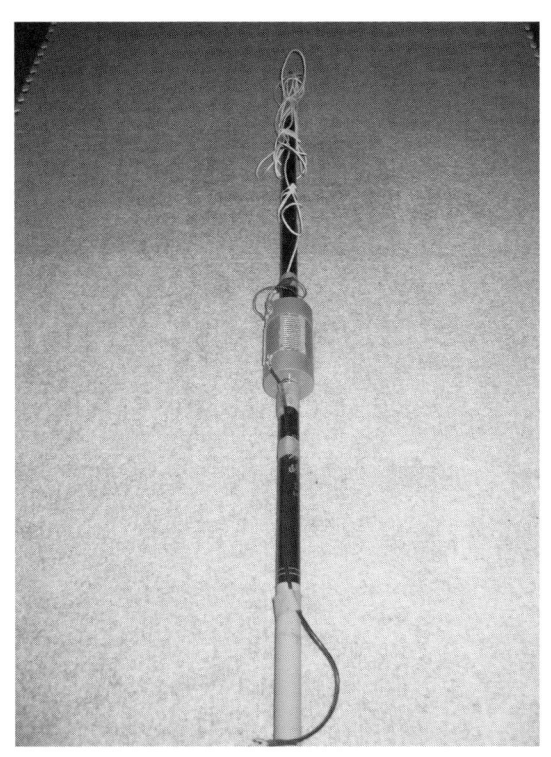

写真2-1-31　釣り竿にエレメントを沿わせて伸ばす
簡単だが見た目が美しくない

写真2-1-32　エレメントを直接釣り竿に巻いていく
再現性が低いので，移動用のモノバンド・アンテナには向かない

る周波数が変わり，そのつど再調整が必要となります．オート・アンテナ・チューナで使うには十分ですが，移動用のモノバンド・アンテナには向きません．

■ おわりに

　釣具店やホームセンターで入手できる身近な材料でホイップ・アンテナを作ってみましたが，いかがだったでしょうか？　今回使用したグラスファイバ竿と同じ物が手に入ればよいのですが，なかなか手に入らないのが現状です．同じショップでも，数か月経つと同じものがありませんでした．

　製作にあたっては，入手できた釣り竿に合わせて，手直しをしてみてください．どのような構造にしたらよいかを考えるのも，楽しいひと時ではないかと思います．

　今回は，作りやすく，再現しやすい構造に近づけるために何本も試作しました．同じ物は二度とできないのが常ですが，今回の製作中はとても楽しい時間でした．そして，飛びの良いアンテナができたときの喜びはひとしおです．

　このアンテナは，M型コネクタで固定するものとしては，最大の部類に入ると思います．これ以上の長さを求めるなら，強度と安全性を考慮して別の支持方法を考えなくてはならないでしょう．

　私の製作事例が読者の皆様の自作意欲を刺激しさらに新しいアイテムの自作の一助となれば幸いです．読者の皆さんの創造と追試を期待します．

〈JR1CCP　長塚　清　ながつか きよし〉

> 注意
> 使用の際には転倒事故などが発生しないよう，十分な注意が必要です．特に風があるときや周囲に他者がいるときなどは要注意です．運用者の責任の下で，アンテナを使用してください．事故が発生しても，筆者は責任を負うことができません．

Chapter 02 移動運用のためのアンテナ製作集

2-2 3.5～50MHz対応のFT-817専用チューナの製作
ロング・ワイヤ・アンテナに対応する

　人気のポータブルHFトランシーバ，FT-817と組み合わせるマニュアル式のアンテナ・チューナを製作しましょう．時と場所を選ばず，運用が可能になります．マルツパーツ館で，部品も入手できます．

　FT-817というトランシーバは，移動運用を考慮した超小型のボディに，出力は5Wと限られていますが，HF～UHFまでオールモードでカバーしているため，サブの無線機として所有している方も多いと思います．

　無線機が小型でも，それに合ったアンテナがないと手軽に移動運用を楽しめません．また，同じアンテナを必要なときにだけマンションのテラスに設置すれば，移動運用感覚で手軽に楽しむことも可能です．

　移動運用に合ったアンテナは，設営が楽でいろいろな周波数に使えるアンテナとしてロング・ワイヤ・アンテナがありますが，アンテナの特性上マッチングをとるための専用のチューナが必要となります．

　固定局・モービル局向けにコンピュータ制御のチューナが販売されていますが，それなりの大きさがあり，また電気を結構使います．FT-817との組み合わせで移動運用をするには相性が悪いため，自作することにしました（**写真2-2-1**）．

　FT-817の5Wの送信出力に合わせて，チューナの部品と構造を**図2-2-1**に示すようにして，部品入手や製作を容易にしました．

　汎用的な部品で構成されているため，耐圧が心配ですが，出力が限られていることが幸いして，十分な実用性があります．

■ 材料を集める

　表2-2-1のような材料が必要です．電子部品店とホームセンターで入手できる部品に分かれています．

　写真2-2-2のような電子部品については，今

写真2-2-1　今回製作するチューナとFT-817

ポイント①
ユニバーサル基板を使って等ピッチにコイルを巻き，各部品を固定した

ポイント②
ICクリップを使ってコイルを細かく調整できるようにした

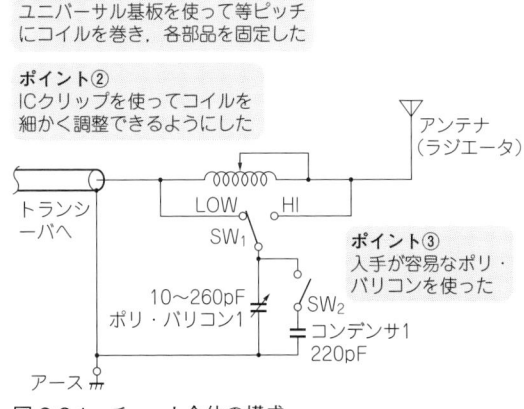

ポイント③
入手が容易なポリ・バリコンを使った

図2-2-1　チューナ全体の構成

移動運用をもっと楽しむための製作集 | 57

表 2-2-1 チューナの製作に必要な材料

名　称	規　格	数量
ユニバーサル基板	115mm×160mm 1.6t	1 個
IC クリップ	中 1A（黄色）	1 個
トグル・スイッチ（SW1，SW2）	1 回路 2 接点	2 個
コンデンサ 1	220pF 250V	1 個
ポリ・バリコン 1	10〜260pF	1 個
同調用ダイヤル		1 個
同軸ケーブル	50Ω（RG-58/U）	5m
M 型コネクタ	M 型オス（RG-58/U 用）	1 個
ビニル線	KV 0.3SQmm^2（黄色）	1m
スズメッキ線（銅線）	φ0.9mm〜φ1.0mm	6m
	φ0.6mm	1m
ネジ	M3×15mm	2
ナット	M3	4
平ワッシャ	M3 用	6
蝶ナット	M3 用	2
圧着端子	R1.25-3	2
2 液式接着剤	クイック 5　コニシ（株）	

※アンテナ本体の材料：ビニル線…KV0.75 SQ，圧着端子…R1.25-3 など．

回マルツパーツ館でも「パーツ・セット」として扱っていただけるようです．パーツ入手がたいへんだという方は，ぜひ利用してください．

　ポリ・バリコンについては，いろいろな種類がありますが，7MHz 以下の周波数で使うことを考えると，最大容量が 250pF 以上あるものを使ってください．FM・AM 兼用型については AM 側のみを使うことによって，同様に使うことが可能です．それ以上の不足分については，固定容量のコンデンサにより，補うようにしました．

　接着剤にもいろいろな種類がありますが，すき間のある個所を強力に接着するため，**写真 2-2-3** のようなタイプを使いました．

　同軸ケーブルについては，移動運用時の取り回しを考えて，**写真 2-2-4** のように細くて軽い RG-58/U を使いました．ひと回り太くなりますが，3D-2V でも利用可能です．

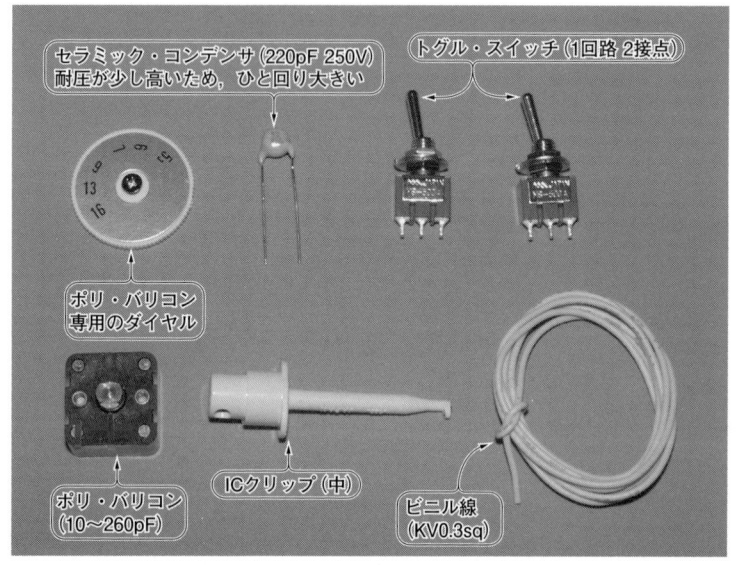

写真 2-2-2　電子部品販売店で入手する部品
これらの電子パーツを集めた「FT-817 用アンテナ・チューナ・パーツ・セット」は，マルツパーツ館で入手することができる

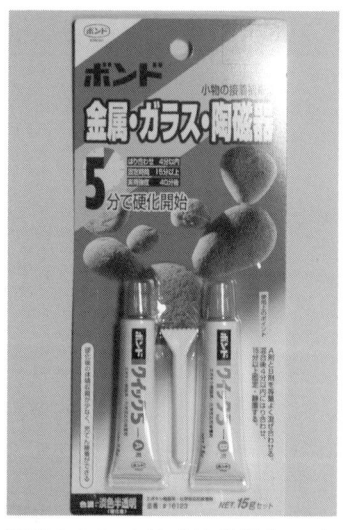

写真 2-2-3　2 液式接着剤［コニシ（株）「クイック 5」エポキシ樹脂系
硬化する時間の違いにより，複数の製品があるが，5 分タイプがもっとも扱いやすい

Chapter 02 移動運用のためのアンテナ製作集

■ 基板の加工

ユニバーサル基板を**写真 2-2-5** のような方法で**図 2-2-2** のように加工した後，**写真 2-2-6** のようにスイッチを固定するための穴をあけます．

基板 1，基板 2 を接着する場合は**写真 2-2-7** のようにすると作業がはかどりますが，完全に硬化するのに 8 時間程度の時間が必要です．

50MHzでも使えるように最低容量を小さくするためポリ・バリコンの裏面にある，調整用のトリマを最低容量に合わせた後，**写真 2-2-8** のようにスズ・メッキ線をはんだ付けしておきます．

■ コイルを巻く

組み立ての終わったユニバーサル基板に，**写真 2-2-9** のようにスズ・メッキ線を巻き付けます．ICクリップを使ってタップを取る場所については，はんだを薄く付けて（はんだメッキ）腐食防

写真 2-2-4　太さの異なる 50Ω 系同軸ケーブル
使い勝手に大きく影響する部分なので，選定には注意したい

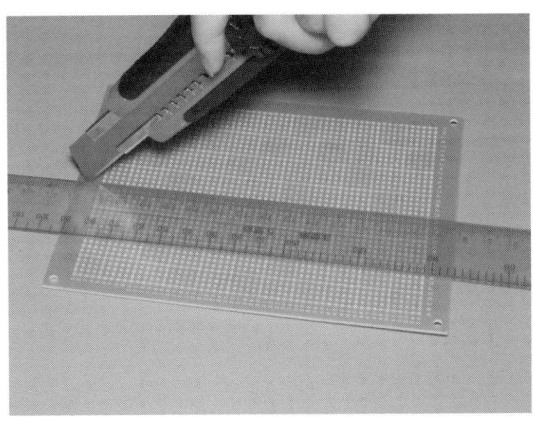

写真 2-2-5　ユニバーサル（万能）基板の加工方法
普通のカッター・ナイフで両面に傷を付けてから折る．目安として，片面をカッター・ナイフで 4 回程度，傷を付けるとよい

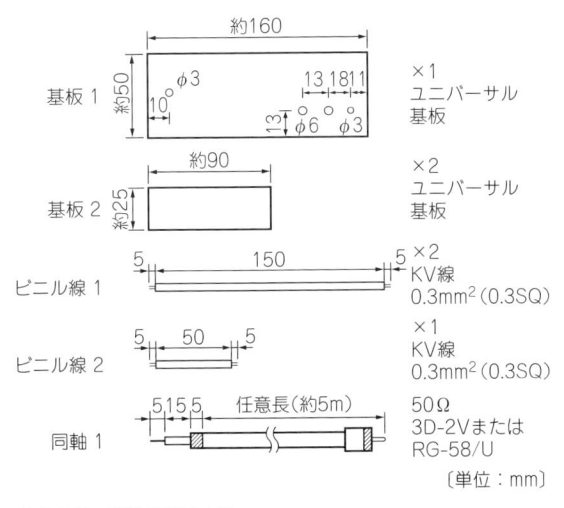

図 2-2-2　材料の加工寸法

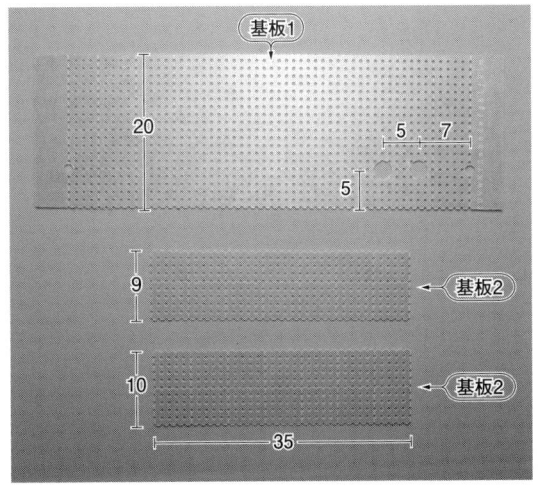

写真 2-2-6　加工の終わった基板 1，基板 2（数字は穴の数）

移動運用をもっと楽しむための製作集 | 59

写真 2-2-7　基板 1, 基板 2 を直角に接着するため，雑誌などを並べてかさ上げし，洗濯ばさみで仮に固定する

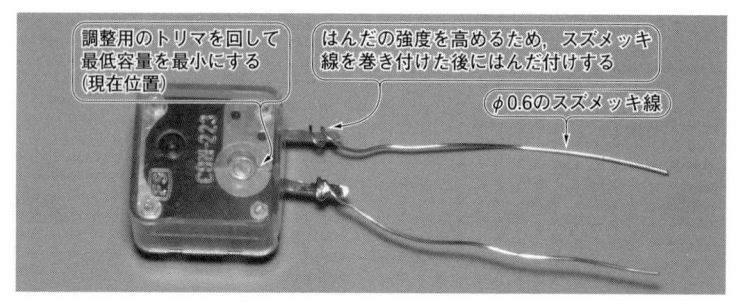

写真 2-2-8　仮配線と容量調整の終わったポリ・バリコン

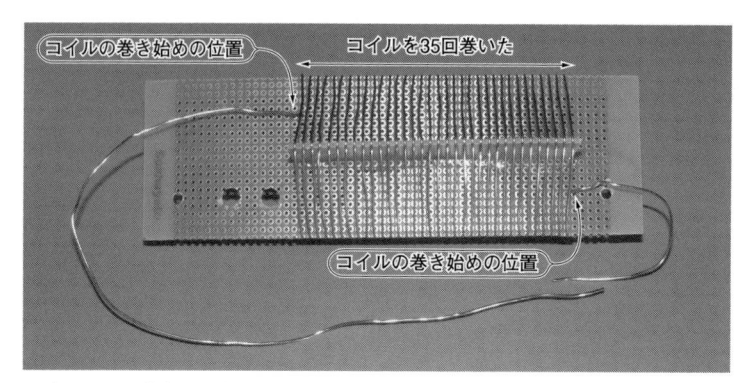

写真 2-2-9　基板 1, 基板 2 に φ0.9 のスズメッキ線を巻いた．銅線でも OK

止の対策をしてください．

　スイッチを取り付けた後，周囲との干渉の状態を考えてポリ・バリコンを接着し，**写真 2-2-10**, **写真 2-2-11**, **写真 2-2-12**, **写真 2-2-13** のように配線をします．

　配線に無理な力が加わっても断線しないように**写真 2-2-14** のように固定します．

　移動運用などで使用した場合，断線が発生すると致命的なトラブルとなるので，一つひとつの作業をていねいに行います．通常ならケースに収めたいところですが，配線，調整がたいへんになるので，**写真 2-2-15** のように自立させると便利

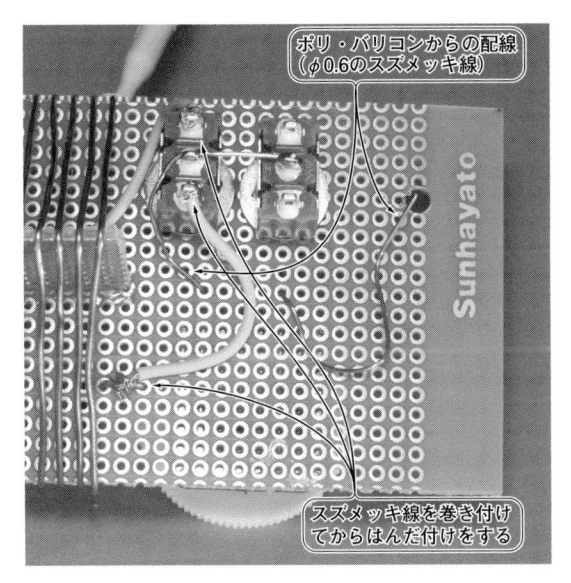

Chapter 02 移動運用のためのアンテナ製作集

写真 2-2-10 面倒でも配線の強度を高めるため,スズメッキ線(銅線)を端子に巻き付けてから,はんだ付けする

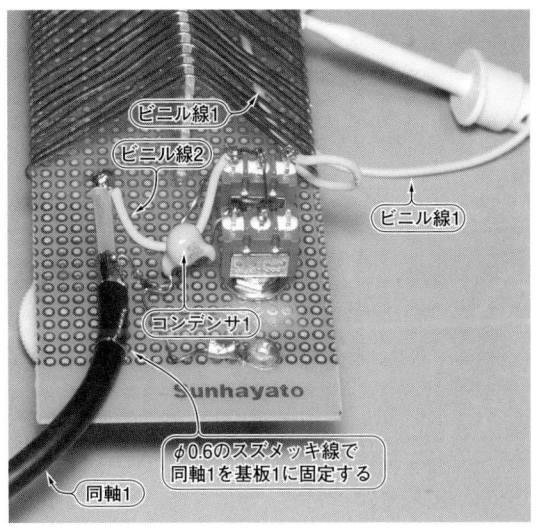

写真 2-2-12 スイッチ周辺に各部品を取り付け配線した

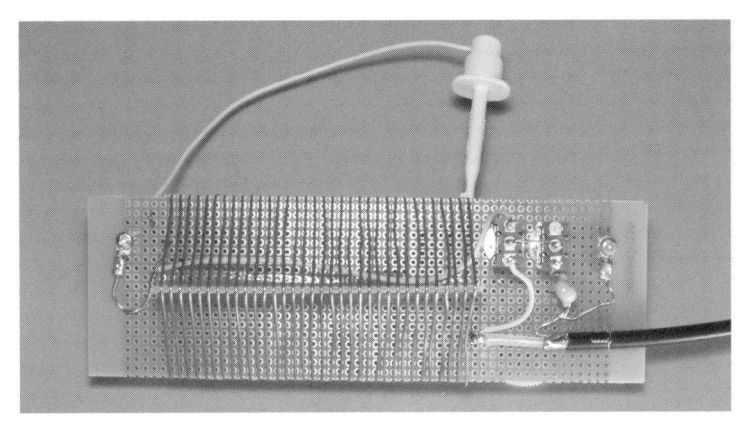

写真 2-2-11 完成したチューナ
すべてを単純化すると,これだけの構造でも実用に耐えるチューナが製作できる

です.
　コイルも1巻き単位で自由に選択することができるため,50MHzでも安定して使うことができました.

■ 簡単な使い方
　一番手軽に使えるのが,**図 2-2-3** のようなロング・ワイヤ・アンテナです.
　エレメントとしては,希望する最低周波数の1/4〜1/8λの長さのビニル線と,アースとして1/4λの長さの線を(カウンターポイズ)を用意します.
　調整時にSWRが高くなると,FT-817の内

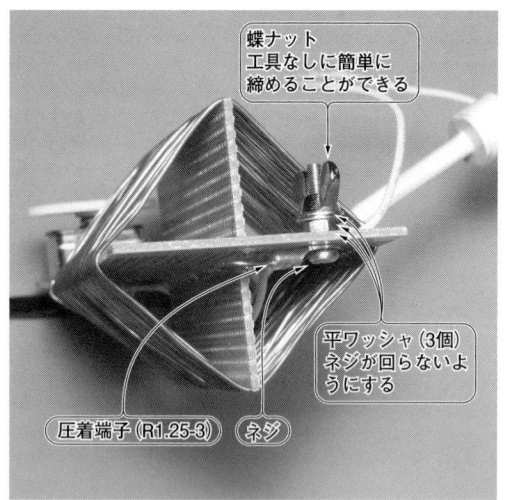

写真 2-2-13　圧着端子とネジを使って，アースとアンテナ用の端子を用意する

図 2-2-3　ロング・ワイヤ・アンテナの一例（7MHz の例）

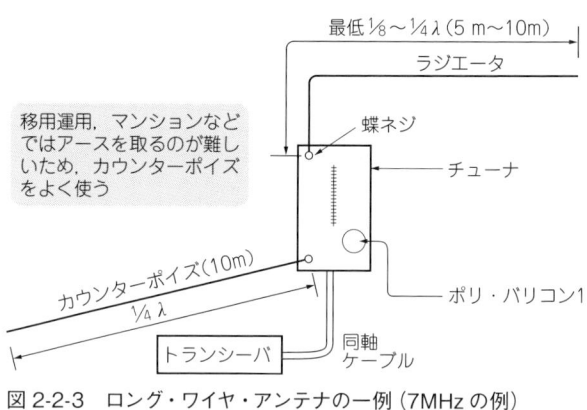

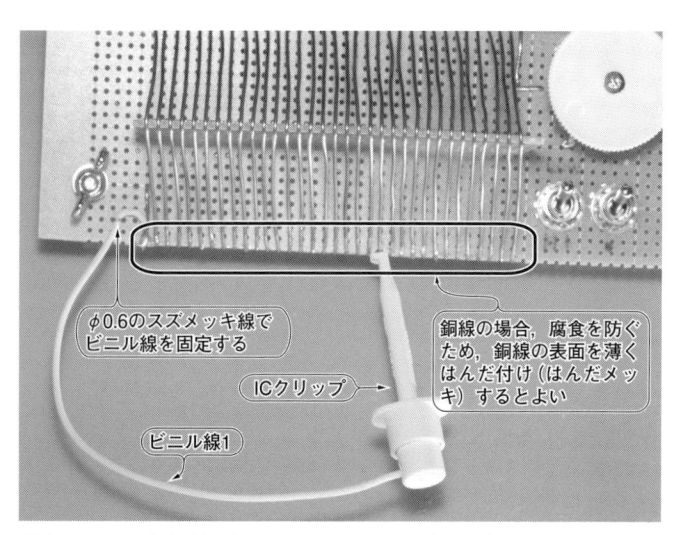

写真 2-2-14　信頼性を高めるため，IC クリップの配線を補強する

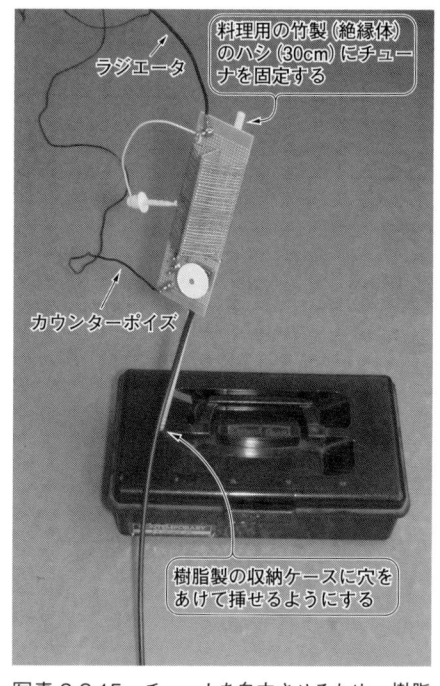

写真 2-2-15　チューナを自立させるため，樹脂製の小物入れに差したようす
簡素な構造であるが，自由に調整できるので移動運用でも便利

部保護回路が動作して，自動で出力が低下しますが，無線機への負担を軽くするため，仮調整時は手動によって出力を低下させてください．

多少精度が落ちますが，無線機に内蔵されているSWR計でSWR=2以下に追い込むことが可能です．慣れるまでは，外部にSWR計を設置して比較するのも一つの方法です．

■ 調整方法

まず，調整中はSWRが高くなり無線機へ負担をかけるので，出力を最低にしてメータ表示を

Chapter 02 移動運用のためのアンテナ製作集

SWR計に切り替えます.

コイルのタップを真中,スイッチ1をLOW,スイッチ2をOFFのポジションにセットします.希望する周波数で受信しながら,バリコンを回して受信感度のよくなる個所を探します.

スイッチ1を切り替えながら比較し,感度に大きな変化がない場合はタップを5巻きずらして,バリコンとスイッチ1を切り替えて,受信感度が良くなる点を探します.コンデンサの容量が不足している場合はスイッチ2をONさせます.ある程度良好な点が見つかれば,送信してSWRを測定しながらコイルのタップをひと巻き単位で微調整します.

すっとSWRが下がる点が,最適なポジションとなります.設定値を紙などに記録しておくと,次回調整する場合,短時間で調整を完成させることができます.

■ 故障の一例

チューナの耐圧が低いため,アンテナの状態や,送信出力が5Wを超えると不具合が発生します.一番多いのが,耐圧の低いポリ・バリコンの中で放電現象が始まることです.声の出し具合で突然SWRが悪化したり,音声のピークでバリバリ音が混じる場合は出力を下げてください.

バリコンを回して感触に変化があったり,異音が発生する場合は,内部の絶縁体が劣化しているので,新品と交換してください.

■ 最後に

市販品にないシステムを,アマチュア的な技法で揃えてみました.いろいろな問題もありますが,自分で作った物ですので,こまめに改良して,さらに使いやすい物にしてください.

〈JH5MNL　田中　宏　たなか ひろし〉

FT-817用アンテナ・チューナの「パーツ・セット」

マルツパーツ館では,本稿にある「FT-817用アンテナ・チューナのパーツ・セット」(型式:PK-CQ090901,定価:1,980円)を販売しています.

セットに含まれるのは,表にあるパーツ群で,50Ω同軸ケーブル(RG-58/AUなど)や同軸コネクタは含まれませんが,同館でも個別に入手できます.

WebShop…http://www.marutsu.co.jp/
FAX…0776-25-4275
電子メール…web-shop@marutsu.co.jp

● パーツ・セットに含まれる内容

ユニバーサル基板(ICB-96)	スズ・メッキ線(φ1.0mm×6m)
単連バリコン(260pF)	スズ・メッキ線(φ0.6mm×1m)
バリコン用ダイヤル	M3×15 ビス+小ネジ(×2)
トグル・スイッチ(×2)	M3用ナット(×4)
ICクリップ(黄色)	M3平ワッシャ(×6)
セラミック・コンデンサ1	M3蝶ナット(×2)
電線(0.3sq×1m)	圧着端子

出力 0.2 〜 5W で測定が可能
2-3 チューナの調整専用簡易型 SWR 計の製作

チューナでマッチングを取る場合，調整中は SWR が高くなるため保護回路が動作したり，最悪の場合，無線機が故障する場合もあります．また，市販の SWR 計（通過型）では最低 1W 以上の出力が必要なため QRPp 機では，SWR が測定できません．そこで，調整中に無線機に負担をかけることなく，測定可能な簡易型 SWR 計を製作します．

SWR 計にもいろいろなタイプがありますが，珍しいタイプとして，抵抗を使ったブリッジ型の SWR 計があります．アンテナ側の SWR が変化しても，無線機側から見たインピーダンスが常に 50Ω で，わずかな出力でも測定可能な点が特徴です．

ひじょうに魅力的な回路ですが，唯一の欠点として，信号が大きく減衰されるので SWR を測定しながら運用することはできないことがあります．操作ミスを防ぐため，機能を絞り回路を単純化しましたが，チューナの調整用としては十分な性能を持っています．

■ 材料の入手

前項で製作したチューナと一体化できるようにコンパクトに設計しました．**写真 2-3-1**，**表 2-3-1** のように一般的な部品で構成していますが，意外と入手が難しい部品が，簡易パネル・メータ（直流電流計）です．昔なら，ジャンクなどで

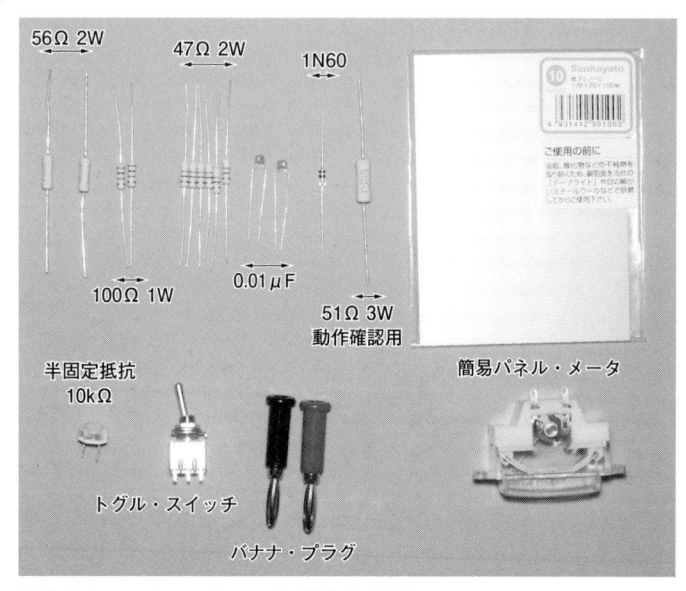

写真 2-3-1　パーツ・ショップで購入する部品
簡易パネル・メータを含めた電子パーツを集めた「チューナの調整専用簡易型 SWR 計部品セット」は，マルツパーツ館で入手することができる

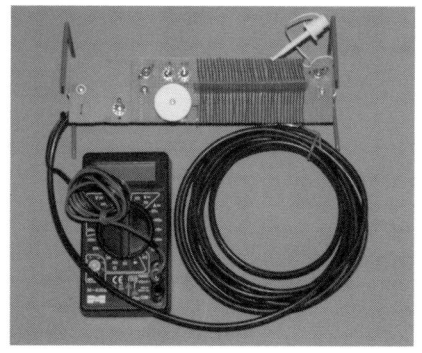

写真 2-3-2　安価なテスタをメータの代用品として利用することもできる

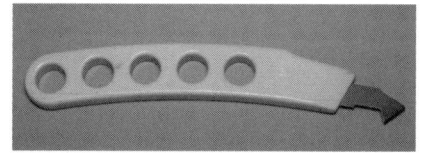

写真 2-3-3　普通のカッターでも加工可能であるが，写真のような硬質プラスチック板専用カッターのほうが作業性が良い

Chapter 02　移動運用のためのアンテナ製作集

表 2-3-1　SWR 計の製作に必要な材料

名　称	規　格	数量
カット基板	片面フェノール 75×100×1.6mm	1個
トグル・スイッチ	2回路2接点	1個
半固定抵抗	10kΩ	1個
固定抵抗	56Ω 2W	2個
	47Ω 1W	6個
	100Ω 1W	2個
固定コンデンサ	0.01μF 50V	2個
ゲルマニウム・ダイオード	1N60	1個
ビニル線	KV0.3SQ（黄色）	1m
ネジ	M3×15mm	1個
平ワッシャ	M3用	2個
ナット	M3用	1個
※簡易パネル・メータ	200μA～1mA	1個
スズメッキ線（銅線）	φ0.6mm	0.2m
固定抵抗（ダミーロード用）	51Ω 3W	1個

※簡易パネル・メータが入手できない場合

バナナ・プラグ	赤	1個
バナナ・プラグ	黒	1個
スピーカ・コード	0.3SQ	1m
テスタ	電圧レンジ（2V）	

簡単に入手できましたが，最近では液晶やLEDで表示する製品が増えたため，流通量の激減にともない貴重品になりました．入手できない場合は，1,000円前後で入手できるテスタの直流電圧レンジで流用するようにします（**写真 2-3-2**）．

プリント基板加工の手間を最低限にし，コンパクトに仕上げるため，小さく切ったプリント基板を2液式接着剤で固定しパターンを作り，各部品を取り付けました．

■ 組み立て

プリント基板を**写真 2-3-3** のようなプラスチック板専用カッターを使って切り出します．そして，パターン用として細長く切ったプリント基板については，**写真 2-3-4** のように加工し，最後に**写真 2-3-5** のように接着します．各部品を**写真 2-3-6**，**写真 2-3-7** のように加工した後，**写真 2-3-8** と**図 2-3-1** にあるようにはんだ付けして，固定します．

テスタへの配線を**写真 2-3-9**，**写真 2-3-10**

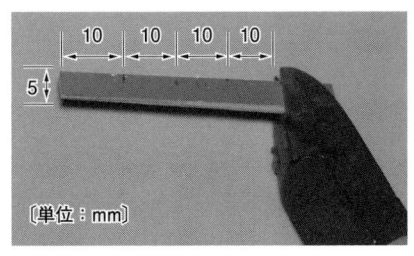

写真 2-3-4　プリント基板は短冊状に切った後，ニッパで小さく切断する

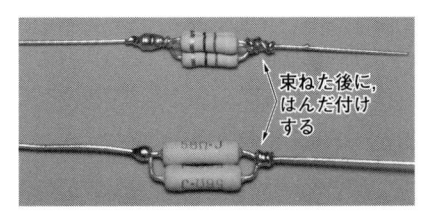

写真 2-3-6　事前に固定抵抗を並列に接続して準備しておく

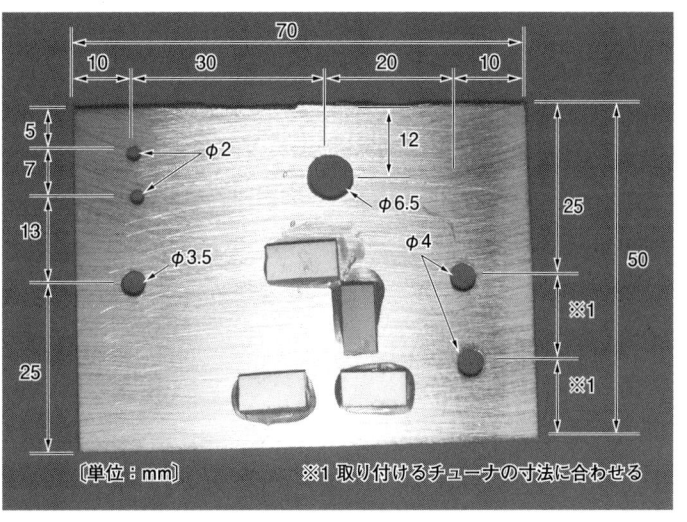

写真 2-3-5　プリント基板を加工した後に，接着強度が高まるように，表面を紙ヤスリで軽く研磨した後，部品の大きさを考慮しながら，2液式接着剤で短冊を固定する

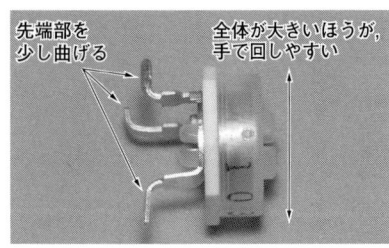

写真 2-3-7 短冊の厚みを考慮しながら，半固定抵抗の端子を曲げる

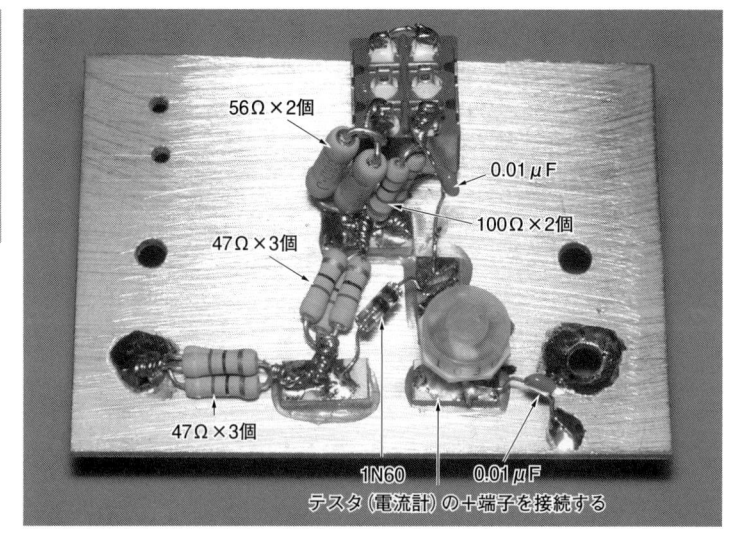

写真 2-3-8 各部品を回路図を見ながらはんだ付けする

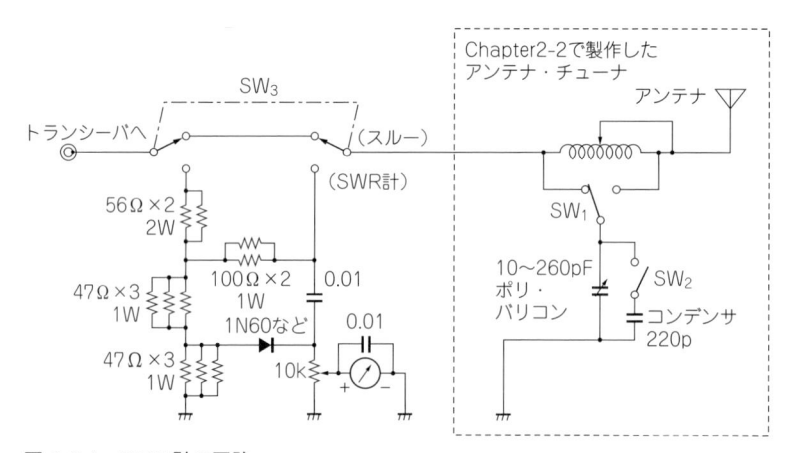

図 2-3-1 SWR 計の回路

のように接続すれば完成です．簡易パネル・メータが入手できるようなら，テスタの代わりに**写真2-3-11**のように接続します．

■ 動作確認

アンテナ側に何も接続されていない状態で送信して，メータが振り切れないように半固定抵抗を調整します．

回路を間違えなければ，100%確実に動作し

ますが，手持ちにダミーロード（50Ωの抵抗）があるなら，アンテナ側に取り付けてSWRが1の状態を作り，メータがほとんど振れていないことを確認します．

■ 組み合わせ方

アンテナ側に同軸ケーブルを取り付け，単独で使うことも可能ですが利便性を高めるため，Chapter2-2で紹介したチューナに**写真**

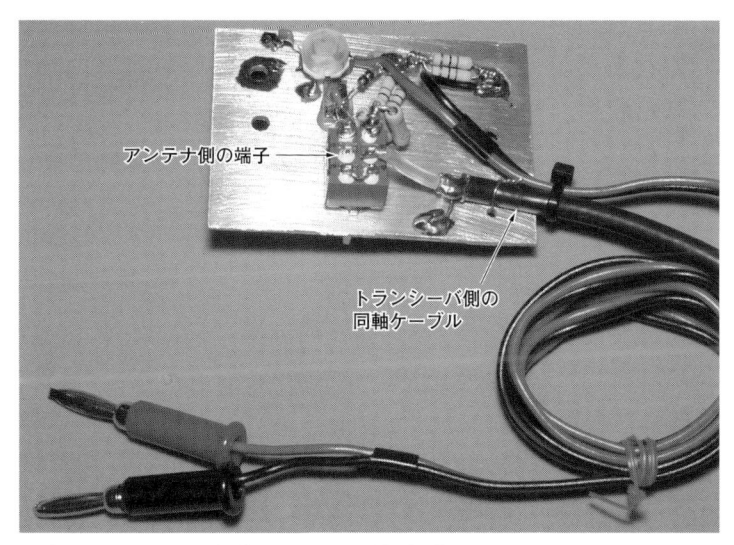

Chapter 02　移動運用のためのアンテナ製作集

写真 2-3-9　テスタと接続するための配線を接続する

写真 2-3-10　スイッチより高くならないように，各部品を配置する

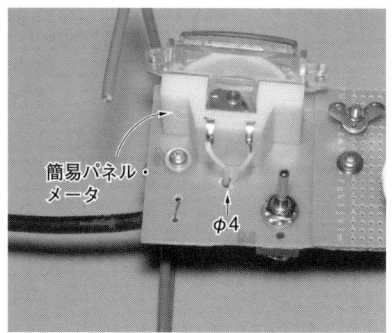

写真 2-3-11　簡易パネル・メータが入手できるようなら，基板上に配置することができる

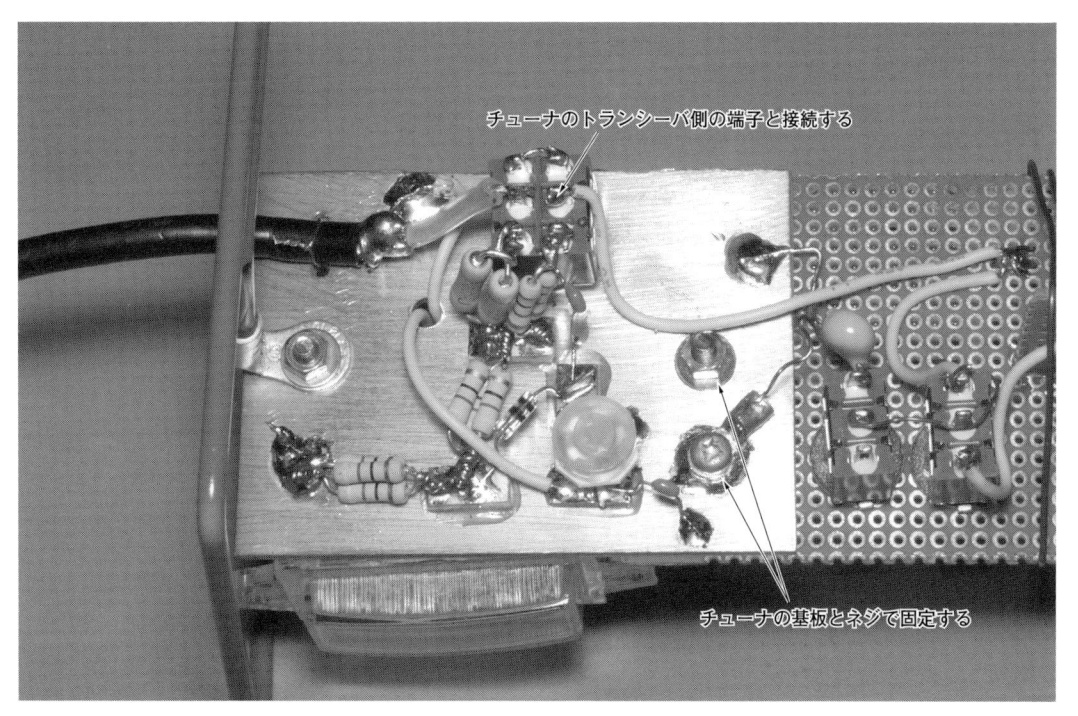

写真 2-3-12　SWR 計とチューナをネジで固定した後に，電気的に接続する

移動運用をもっと楽しむための製作集 | 67

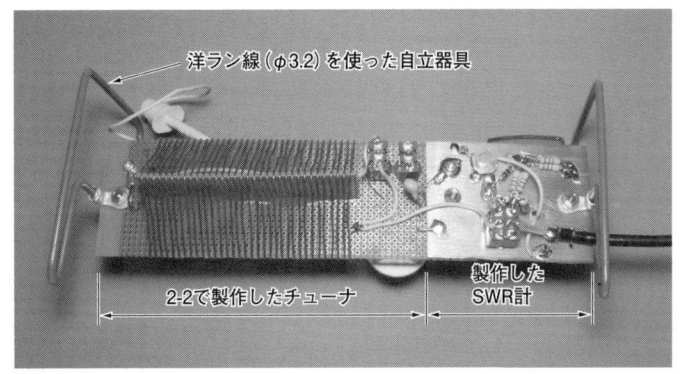

写真 2-3-13　SWR計とチューナを一体化した後に，自立スタンドに固定する

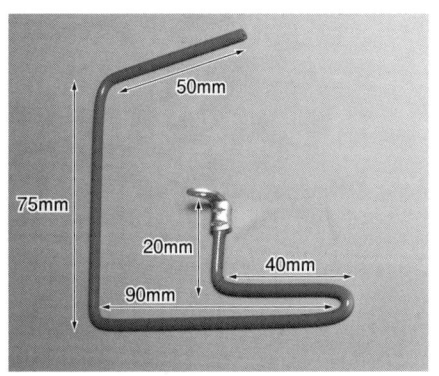

写真 2-3-14　全長275mmのφ3.2洋ラン線を曲げて加工する

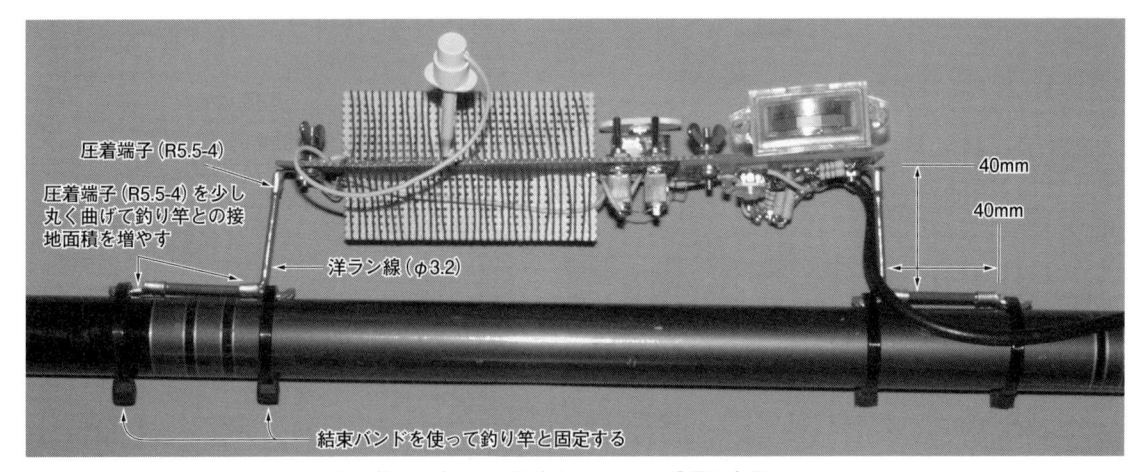

写真 2-3-15　SWR計とチューナを釣り竿に固定して，移動時のアンテナ設置を容易にした

2-3-12，**写真 2-3-13** のように取り付け，一体化させると利便性が向上します．自立スタンドは，100円ショップで販売しているφ3.2mmの洋ラン線を利用して，**写真 2-3-14** の寸法を参考にして製作します．

また，**写真 2-3-15** のように釣り竿に固定して移動運用をする（**写真 2-3-16**）場合は，**写真 2-3-17** の寸法を参考にして固定金具を製作してください．さらに**写真 2-3-18** のような防水ケースに収納することも可能です．

■ 使い方

10秒程度なら5Wにも耐えることができますが，動作を安定させるため1W以下の出力で測定することをお勧めします．

受信感度が一番大きくなるように，チューナを調整します．スイッチ（SW$_3$）を切り替えて，受信感度が大きく低下することを確認した後，できるだけ小さな出力で送信しながら，再度チューナを調整してメータの振れが小さくなる場所を探します．メータの振れが小さい場合は，半固定抵

Chapter 02　移動運用のためのアンテナ製作集

ひもで固定する

写真 2-3-16　自動車のボンネットをオープンさせて，釣り竿を固定してロング・ワイヤ・アンテナを設置する

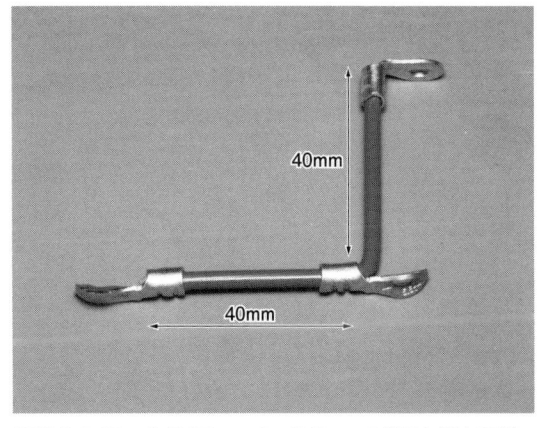

写真 2-3-17　全長 80mm のφ3.2mm の洋ラン線と圧着端子を組み合わせて加工する

写真 2-3-18　100 円ショップで販売している防水ケースに収納した例

抗を回して再度調整します．

　SWR 測定中は無線機から見て常時 SWR が 1 なので，アンテナ側の SWR が高くても安定して測定することが可能です．また，アンテナ側に何も接続しないときは，反射波を測定することになりますが，簡易的なパワー計として機能するので，メータの大小比較により無線機の動作確認も可能です．

　送信機（トランシーバ）に FT-817 を使う場合，内蔵の SWR 計を使いながら調整をすると，保護回路が頻繁に動作しますが，本 SWR 計を接続すればチューナ側で SWR を表示できますし，調整中に保護回路が動作しないため，効率的な調整が可能です．

■ 最後に注意点

　受信感度が異常に悪くなるため気がつくと思いますが，SWR の測定が終われば必ずスイッチ（SW$_3$）をスルーの状態に切り替えてください．

〈JH5MNL　田中 宏　たなか ひろし〉

「チューナの調整専用簡易型 SWR 計部品セット」

　マルツパーツ館では，本稿の「チューナの調整専用簡易型 SWR 計」の部品セット（型式：PK-CQ091201，定価：1,290 円）を販売しています．同軸ケーブルや同軸コネクタは含まれませんが，同館で個別に入手できます．

WebShop…http://www.marutsu.co.jp/
FAX…0776-25-4275
電子メール…web-shop@marutsu.co.jp

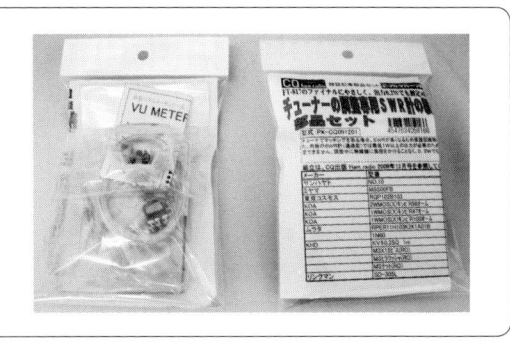

移動運用をもっと楽しむための製作集　｜　69

2-4 アース・マットの製作
車から簡単にアースを確保

車から手軽にアースを確保できるアース・マットを製作します．普段は車にアンテナ基台を装着していなくても，アース・マットとマグネット基台を組み合わせれば，アースが必要なHF帯のモービル・ホイップを利用しての移動運用が楽しめます．

■ アース・マット

HFのモービル・ホイップや釣り竿アンテナなどの容量結合用のアース・マットを製作します．市販品もありますが，身近な材料で製作してみませんか．製作例は本誌やインターネット上でたくさん紹介されているので，そちらも参考にしながら，オリジナルのアース・マットを作ってみましょう．

ただし，脱落の恐れがあるため，このアース・マットを装着したままの走行はできません．

■ 材料

中心となる材料は，ホームセンターで手に入るアルミ板です．磁石で車のボディやルーフに仮固定するので，あまり厚いと磁石が効きません．そこで，0.3mm厚でA4サイズのアルミ板を使用しました（**写真2-4-1**）．

ほかには，車体保護用のクリア・ファイル，アース・リード線用に同軸ケーブルの網線を少々，アルミ板とアース・リード線を接続するための超低頭ビス（**写真2-4-2**），中継端子としての陸式ターミナル，中継端子用のプラスチック・ボックスです．それと，モービル基台側（アンテナ側）のM型コネクタに共締めするφ16mmの圧着端子と矢型プラグを用意します．

写真2-4-1 使用するおもな部品
0.3mm厚のアルミ板と超低頭ビス，中継ボックス用プラスチック・ケース

写真2-4-2 超低頭ビス
頭がわずか0.6mmなのでほとんど突起が気にならない

■ 工夫した点

　アース・マットを自作するときに一番悩むのが，アース・リード線とアルミ板の接続です．アルミは，普通にはんだ付けができないので，圧着端子をネジで止めるとか，アース線を広げて接触面積を多く取り，金属テープなどで接触固定するなどの方法があります．ネジ止めが強度的にも一番ですが，ビスの頭がボディ側に飛び出してしまい，傷を付ける心配があります．

　そこで，超低頭ビスを使って，アース・リード線として利用している同軸ケーブルの編組線を止めることにします．3mmの普通のビスの頭の高さは約2mmですが超低頭ビスは0.6mmほどです．保護用のテープを貼っても出っ張りはほとんど気になりません．

　アース・リード線には中継ボックスを設けて，モービル基台やATUのアース端子，ワニ口クリップなど，接続先を変えられるようにしています．

■ 製作

　それでは製作作業に取り掛かります．

・アルミ板にカバーをかける

　まず，アルミ板にカバーを付けます．なるべく車に傷を付けてしまわないように，事務用品のクリア・ファイルを被せます（**写真2-4-3**）．薄めのクリア・ファイルにアルミ板を入れてピッタリになるように，クリア・ファイルの余分な部分を折り返します．折り返し部分は両面テープで止めます（**写真2-4-4**）．もしラミネート加工ができるのなら，それが最も簡単でしょう．

・超低頭ビスが通る穴をあける

　プラスチック・ケースのふたにビス穴をあけ，これと合う位置にクリア・ファイルとアルミ板に穴をあけます（**写真2-4-5**）．

　アルミ板にネジ穴をあける前に，クリア・ファイルに穴をあけておきます．超低頭ビスの頭がアルミ板に接触するくらいの大きさの穴を，カッター・ナイフの刃先で慎重に切り抜きます（**写真2-4-6**）．

・中継ボックス

　次に，小型プラスチック・ケースを利用した中継ボックスに，陸式ターミナルを取り付けます．同軸ケーブル（5D-2V）の編組線を平たくして5cmほどに切り，圧着端子を取り付けて，ターミナル側のナットに止めます（**写真2-4-7**）．その後，編組線とプラスチック・ケースのふたおよびアルミ板を，超低頭ビスで固定します（**写真2-4-8**）．

写真2-4-3 アルミ板にクリア・ファイルをかぶせる
余分なところは折り返してピッタリと収まるようにする

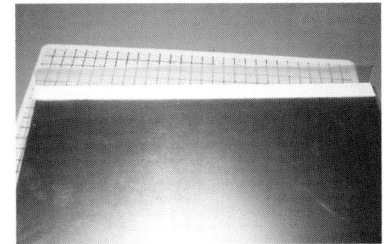

写真2-4-4 両面テープで留める
クリア・ファイルの余分な部分を折り返す

写真2-4-5 アルミ板とクリア・ファイルに穴をあける
中継ボックスのふたにあけた穴の位置に合わせる

写真 2-4-6 クリア・ファイルに穴をあける　超低頭ビスの頭がアルミ板に接触する大きさにする

写真 2-4-7 中継ボックスの中陸式ターミナルに編組線を接続

写真 2-4-8 中継ボックスをアース・マットに固定

写真 2-4-9 モービル基台用のアース・リード線

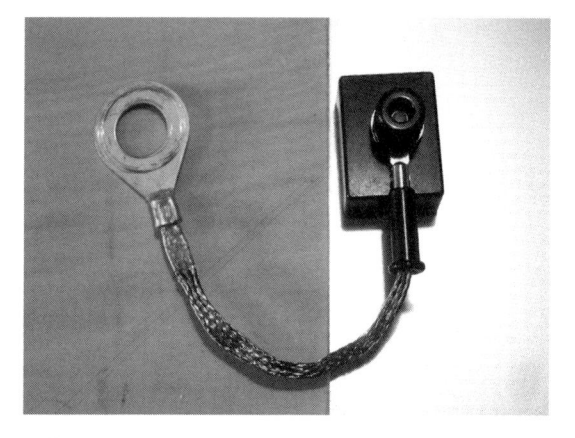

写真 2-4-10 アース・リード線を中継ボックスに取り付けたところ

　超低頭ビスの頭の部分には，ビニル・テープを貼って保護しておきましょう．それでも，ほぼフラットに仕上がります．

- **アンテナから中継ボックスへのアース・リード線を製作**

　ターミナル・ボックスとアンテナを接続するアース・リード線を作ります．16mm径の圧着端子やワニ口クリップを10cm程度の編組線に取り付け，反対側には矢型プラグをはんだ付けします（**写真2-4-9**）．圧着端子はモービル基台やマグネット基台への接続に使用します．ワニ口クリップはM型プラグを挟んだりできるので，いろいろなアンテナを使う移動運用に便利です．筆者は，アンテナの実験に重宝しています．

　アース・リード線とターミナル・ボックスとの接続は**写真2-4-10**のようになります．

■ **実際に使ってみよう**

　7MHz用の短縮釣り竿アンテナのアースとして使ってみます．筆者の移動運用車のボンネットにマグネット基台で取り付けました（**写真**

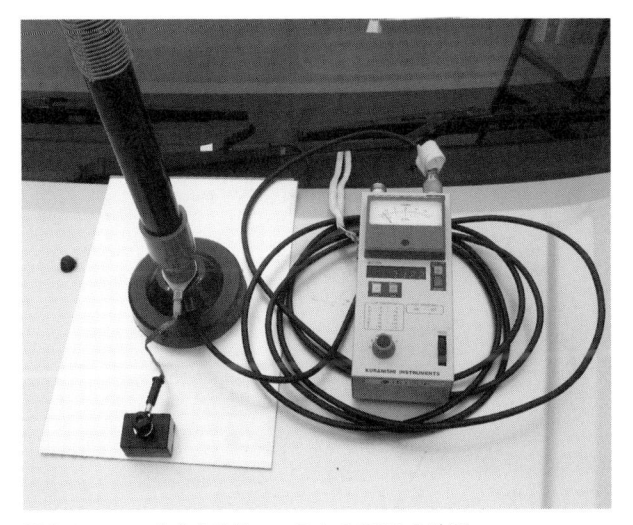

Chapter 02 移動運用のためのアンテナ製作集

写真 2-4-11 自作釣り竿アンテナで SWR を計測
7.122MHz で SWR は約 1.2 になっている

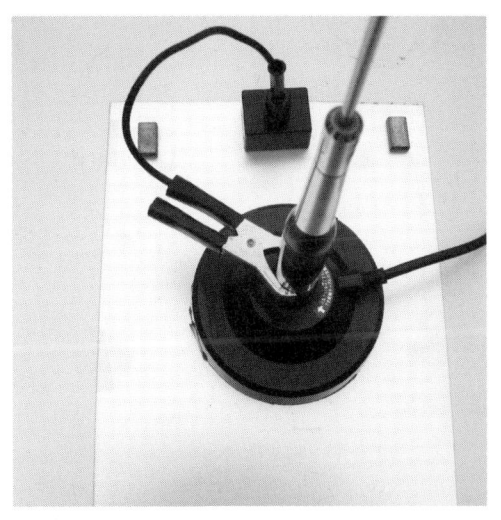

写真 2-4-12 モービル・ホイップのアース側にクリップで装着
アース・マットを止めているのは換気扇用のフィルタを留める磁石

2-4-11).A4 サイズのアルミ板アース・マットですが,SWR は 1.2 程度まで下がり,十分に効果を発揮しています.クリップを使った例も,**写真 2-4-12** に示します.

マットの固定には,換気扇用のフィルタを止める磁石が重宝します.4 個あれば十分でした(筆者も使用しています).

市販の品に比べて面積も大きいので,1 枚で 3.5MHz や 7MHz でも使えています.マグネットで固定しなくても,スパナやペンチを置いても容量結合できており十分に使えます.

■ ほかに使えるか

このアルミ板アース・マットを地面に直接置いて実験しましたが,効果はありませんでした.やはり車のボディとの容量結合で,効果を発揮するようです.

屋外型オート・アンテナ・チューナを移動運用で利用する際のアースとしても使用可能でした.

このアース・マットは,車のボディに密着させてアース効果を得ているので,曲線のあるボディなど,アース・マットとボディが密着しない場合には効果が薄れます.曲がりやすいもっと薄いアルミ板を利用するか,1 枚あたりの面積を小さくして,複数枚に分けて取り付ける必要があると思います.

ほかの材料として,台所用品のキッチン・ガード(油はね防止パネル)も,アルミ材でできているので使えます.これは,車のボディの上にキッチン・ガードを直に置いて,マグネットで留めたものです(**写真 2-4-13**).普段はアースを取っていないモービル基台に,HF 帯のモービル・ホイップを取り付ける場合などにも有効です.

キッチン・ガードは 100 円ショップでも購入できるので,費用はかなり抑えられます.しかし,車に傷を付けてしまう恐れがあるので注意が必要です.

移動運用をもっと楽しむための製作集 | 73

写真2-4-13　100円ショップで購入したキッチン・ガードを利用したアース・マット
安価で簡単だがボディへの傷に注意

　アルミ板を使ったアース・マットにはさまざまなバリエーションが考えられるので，読者の皆さんの創意工夫に期待します．

■ ぜひ製作してみてください

　手軽にアースを取る方法として，安価で簡単に製作できるアース・マットを紹介しました．とても重宝するので，1枚手元にあっても損はないと思います．ぜひ製作してみてください．

　最後に，本製作記事による車のボディへの傷について，筆者は責任を負えません．ご自身の責任の下での製作と利用をお願いいたします．また，アース・シートの脱落および，固定用のマグネットの飛散による事故の恐れがあるため，走行中の利用はできません．車へのダメージやデザインを気にされる方，走行時も利用したい方には，市販品の利用をお勧めします．

〈JR1CCP　長塚　清　ながつか きよし〉

2-5 移動用フルサイズV型ダイポール
簡単に作れてよく飛ぶ

移動運用先でも簡単に作れるV型ダイポールを紹介します．エレメントの電線さえあれば，すぐに出たいバンドのアンテナが用意できます．

■ はじめに

移動運用先で，以前から狙っていた局がクラスターにアップされているのを発見．ロケーションは最高なので，絶好のチャンス！　でもそのバンドのアンテナがない…．そんな悔しい思いをしたことがありました．

そこで，現地でも簡単に作れるアンテナを用意することにしました．

選んだのは，釣り竿を使ったフルサイズVダイポールです．このアンテナなら簡単に作れるうえに，アンテナを立てるためのポールも1本しか使いません．ワイヤ・ダイポールと違い，狙った方向にアンテナを向けられます．フルサイズなのでアンテナの帯域も広く取れ，再調整なしでバンド内すべてをカバーできます．もちろん飛びも期待できます！

今回製作するのは14MHz～50MHz帯のシングルバンド用です．

■ アンテナの概要と準備するもの

準備するものを**写真2-5-1**と**表2-5-1**に示します．ベース・プレートに市販の長さ5.4mの釣り竿を組み合わせて，Vダイポールの骨組みを作ります．これに，各バンドの長さに調整したエレメントをはわせます．

釣り竿は近くの釣具店でも買えますが，材質はグラスファイバ100％で，カーボンが入っていない竿を探してください．釣具店で見つからなければ，アマチュア無線用に販売されている，アンテナ用のグラスファイバ・ポールが利用できます．WorldWide（**http://www15.wind.ne.jp/~World-Wide/**）から発売されている5.4m長のポール W-GR-540H Mini は，このアンテナに最適です．本稿でもこのポールを使っています．

写真2-5-1　アンテナの主な部品

表2-5-1　用意する部品

品　名	数量
グラスファイバ製釣り竿	2本
市販の1：1バラン	1個
エレメント用ビニル線（ACコード）	適量
ベース・プレート用板（40cm×30cm程度）	1枚
塩ビ・パイプ（釣り竿が入る太さ）30cm程度	2本
Uボルト（塩ビ・パイプを固定できるサイズ）	2個
Uボルト（使用するマストを固定できるサイズ）	2個
ボルト（塩ビ・パイプおよびバラン固定用）	4組
圧着端子	必要数
ビニル・テープ	少々

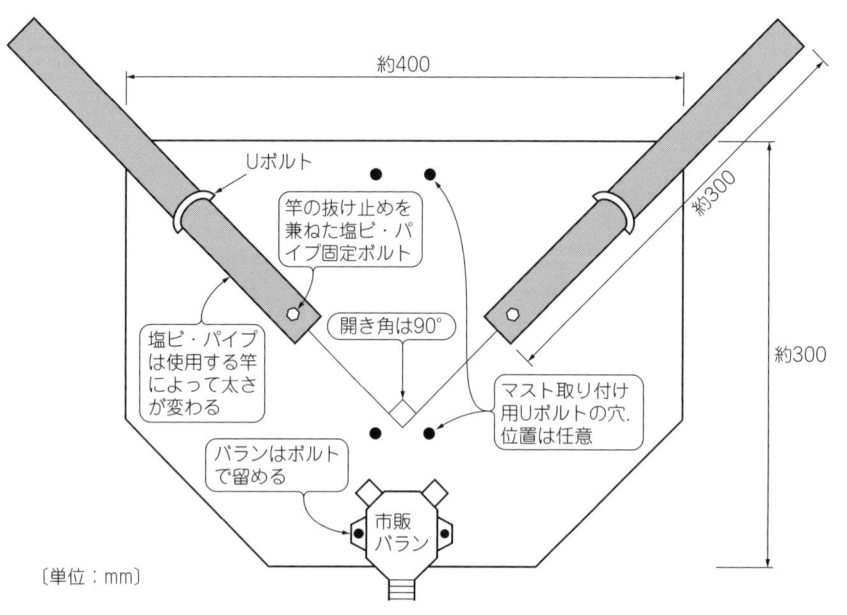

図 2-5-1　ベース・プレートの全体図

　給電部のバランは市販品利用しました．一つ用意しておくと，アンテナを自作するときにとても便利です．しかし，バランの自作は簡単なので，製作にチャレンジしてもよいでしょう．

　エレメントは，ホームセンターなどで普通に販売されている AC コードです．これを二つに割いて使います．軽くしたいのであれば，インターホン用の細いコードでもかまいません．

■ 製作する

　図 2-5-1 にベース・プレートの全体を示します．ベース・プレートの素材には，ベニヤ板を使用しているので，加工は簡単です．ベース・プレートの大きさは，おおよそ 40cm×30cm ですが，特にサイズに指定はありません．

　このベース・プレートに約 30cm 長の塩ビ・パイプ VP30（内径約 31mm）を取り付けて，釣り竿を差し込めるようにしています．塩ビ・パイプの大きさも，手に入る釣り竿によって異なるので，現物合わせで太さや長さを決めてください．エレメントの角度は，アンテナのインピーダンスが 50Ω に近づくよう 90 度にしています．

　エレメントの長さは，**表 2-5-2** を参考に製作するバンドに合わせてカットします．圧着端子を付けたほうをバランに取り付け，釣り竿にはわせていきます（**写真 2-5-2**）．エレメントは数か所をビニル・テープで竿に留める（**写真 2-5-3**）と簡単です．末端部は調整用に数センチ残しておきます（**写真 2-5-4**）．

　このとき，エレメントを釣り竿に AC コードをぐるぐる巻いてしまうと，コイルの働きを持ってしまう恐れがあるので，落ちない程度に軽く（2〜3 周）巻いておきます．

■ 調整方法

　調整には，アンテナ・アナライザがあれば言うことはありませんが，トランシーバに内蔵されている SWR 計でも十分調整できます．

表 2-5-2　エレメント長（片側）の目安

周波数（MHz）	参考値	実測値
10.120	7.26m	7.25m
14.200	5.18m	5.14m
18.130	4.06m	3.98m
21.200	3.47m	3.39m
24.940	2.95m	2.89m
28.500	2.58m	2.53m

給電部地上高：約4.5m　開き角90°のとき．
実測値はアンテナの設置条件によって変わる．
参考値＝波長×1/4×0.98（短縮率）

写真 2-5-2　エレメントをバランにつなぎ釣り竿にはわせていく

写真 2-5-3　エレメントをビニル・テープで竿に留める
ビニル・テープの粘着部が気になるなら結束バンドやマジック・テープを利用する方法もある

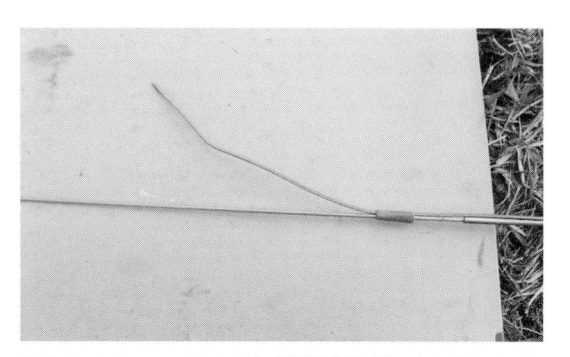

写真 2-5-4　エレメントの先端部は調整用に少し余らせておく

　アンテナを設置して（**写真 2-5-5**）SWRを測定します．低い周波数でSWRが低ければ，エレメントを少しカット，高い周波数でSWRが低ければ，少し付け足します．**表 2-5-2**に示す長さであれば，少し低い周波数でSWRが落ちていると思うので，エレメントを短くして調整します．測定と調整を繰り返し，SWRが2以下になれば調整は完了です（**写真 2-5-6**）．

■ 使用感

　移動運用で使用したところ，国内交信はまったく問題ありませんでした．DX交信にも十分使えています（その場で14MHzのアンテナを作り，南極の8J1RLとも交信できました）．簡単に作れるわりには，かなり使えるアンテナだと思います．ただし，防水対策は一切していないので，雨の日にはSWRがうまく下がらないかもしれません．

　またこのアンテナは，自宅で使うことも十分可能です．ただし，ベースプレートに木を使用しているので，耐久性は高くありません．DXペディション局を狙うためやコンテストに参加するために，短期間設置するといった使い方に向いているでしょう．自宅に設置する場合は，同軸ケーブルの接続部分に防水対策を施すことをお勧めします．

写真 2-5-5　できあがった VDP を設置

写真 2-5-6　SWR が 2 以内になったので調整完了
調整次第では SWR をもっと低くできるが運用時間が減るので，そこそこのところにしておく

写真 2-5-7　エレメントの先を垂らして M 字型に設置したアンテナ

■ まとめ

　移動運用でマルチバンドに対応するアンテナには，コイルを可変させて各バンドに対応するスクリュー・ドライバー・アンテナがもっとも手軽ですが，アンテナの性能では，ダイポールのほうに分があります．

　使用する釣り竿の関係で 14MHz 以上を対象としていますが，片側 7.3m ほどのエレメントを用意し，先端を 2m ほど下に垂らして M 字型にすれば，10MHz でも使えます（**写真 2-5-7**）．

さらに，根元に短縮コイルを装着すれば，7MHz や 3.5MHz にも出られるでしょう．

　いろいろなバリエーションが考えられるこのアンテナ・システムは，きっと移動運用の楽しさを広げてくれることと思います．

　最後にひとこと．現地でアンテナを製作するときは，決してゴミをその場に残さないようにしてください．そのためにも，移動運用には小さなゴミ箱を常備することを心がけましょう．

〈CQ ham radio 編集部〉

2-6 430MHz帯用4エレメントHヘンテナの製作
QRP移動用

　このアンテナの特徴は，事務用品のめがねクリップでエレメントを固定することにより分解・組み立てが簡単で，そのうえ超軽量（約150g）です．カメラの三脚に取り付けられるので，山頂などへ徒歩や交通機関を使って登ったときにもハンディ機1台で手軽に運用できるアンテナです．

■Hヘンテナとは

　このアンテナは，皆さんご存じのヘンテナの変形バリエーションの一つで，形状は2エレメントのHB9CVと酷似しています．異なる点は，200Ωのバランス給電である点です．

　特徴として，HB9CVのようにマッチング・エレメントやショート・バーがないのでとてもシンプルです．エレメントは，すべてブームに直付けできるなど，構造が簡単で製作しやすいと思います．

　Hヘンテナについては，JA7KPI 加藤OMのWebサイト（**http://www.zcr.jp/~tada/**）がたいへん参考になるので，ぜひご覧ください．

■1：4バランの実験

　このアンテナの一番のポイントは，200Ωのバランス給電をするための1：4バランをどうするかです．ここでは，簡単に方法としてバランの代わりに市販されているテレビ用アンテナ整合器を使用してみました（**写真2-6-1**）．75Ω：300Ωはちょうど1：4なるからです．整合器の中身は，メガネ型コアに2組のコイルが巻かれたバランです．

　200Ωの抵抗をダミーロード代わりに接続して，50Ωの同軸ケーブルをバランに接続．アンテナ・アナライザでSWRを測定したところ，430MHz帯を含み広帯域でほとんど1.0でした（**写真2-6-2**）．

　一番面倒なバランはほぼ解決．しかし，受信ア

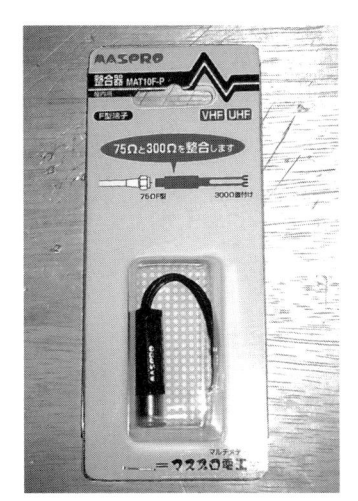

写真2-6-1　1：4バランの代わりに使用するテレビ用アンテナ整合器

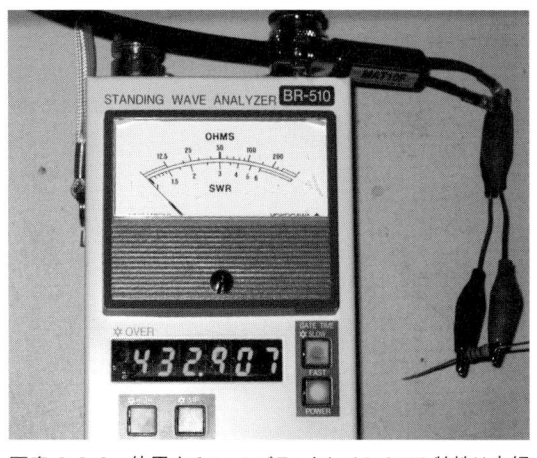

写真2-6-2　使用する1：4バランとしてのSWR特性は良好

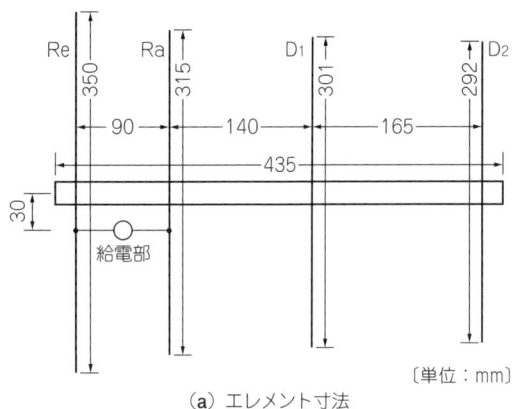

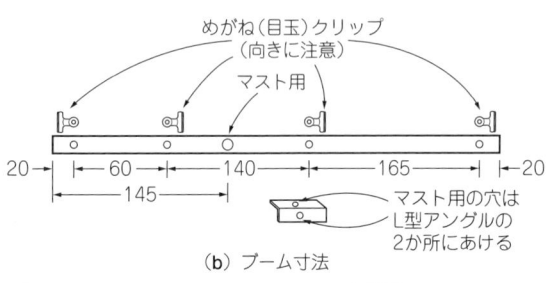

図 2-6-1　4エレメントHヘンテナの全体図

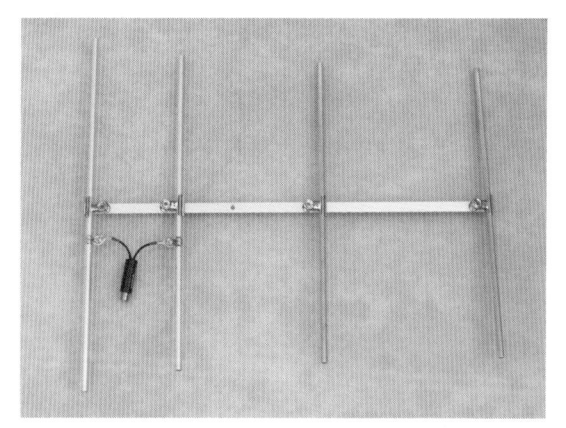

(a) エレメント寸法
(b) ブーム寸法

写真 2-6-3　製作する4エレメントHヘンテナ

ンテナ用を送信用に使おうとしているのですから，少々無理はあります．ハンディ機など5W以下のQRP運用のみが対象です．

アンテナ完成後に送信テストを行いました．出力5Wで30秒送信・30秒受信を10分間繰り返したところ，バラン本体がほんのり温かくなりましたが，RIG側のSWR表示も変わりませんでした．しかし，5W以上で送信するとバランが破損する恐れがあるので，必ず5W以下で使用してください．

また，5W以上で使用する場合や，テレビ用アンテナ整合器が手に入らない場合には，同軸ケーブルでUバランを製作する必要があります．製作方法は後述します．

■ 全体図と構造

4エレメントHヘンテナの全体図（図 2-6-1）

と完成写真（写真 2-6-3），製作に必要な部品（表 2-6-1）を示します．同軸ケーブルとコネクタは以外は，ホームセンターでそろいます．

ブームは幅10×10mm，厚さ1.2mmのアルミL型アングルです．ブーム・サポート・マストは，VP-13という外径約19mmの水道用塩ビ・パイプです．エレメントには，直径6mmのアルミ・パイプ，エレメントの支持には，「めがねクリップ 小（100円ショップで購入）」を使用して，着脱が超簡単！です．

最初に，図 2-6-1のとおりにアルミ・パイプとブームを加工してください．ここで注意点が一つ．ホームセンターのアルミ・パイプは，ほとんどのものが表面にコーティング処理がされているようです．無加工で使用すると接触不良を起こすので，布ヤスリで表面を磨いておくことが必要です．

穴をあけたL型アングルに，3mmのナットとボルトでめがねクリップを取り付けます．めがねクリップには，取り付ける方向があるので図 2-6-1で確認してください．ブーム・サポート・マストは，図 2-6-2のように加工し，ブームは図 2-6-3のようにマストに取り付けます．

Chapter 02 移動運用のためのアンテナ製作集

表 2-6-1 Hヘンテナ 主要材料リスト

品名・規格	数量	参考価格	備考
φ6mm アルミ・パイプ	2m	630 円	エレメント用
L型アルミ・アングル 10×10×1.2 (mm)	50cm	120 円/m	ブーム用
VP-13 水道用塩ビ・パイプ	30cm	120 円/m	マスト用
テレビ用アンテナ整合器	1個	550 円	バラン
Y端子（1.25-4）	2個	150 円/袋	
めがねクリップ（小）	4個	4個 100 円	
3mm ビス，ナット	4個	10 円/組	めがねクリップ用
ボール・チェーン用カップリング（φ4.5）	2個	16 円	給電線固定用
F型コネクタ（3C用）	1個	150 円	
50Ω 同軸ケーブル（RG-58U）	適宜		芯線が単線のこと
4mm ビス，ナット	2組	20 円/組	
直交金具（φ22-φ19）	1個	190 円	
M5×15 ノブ付きボルト	2個	100 円	必要なとき
50Ω 同軸ケーブル（3D-2V）	2m 程度		
同軸コネクタ	1個		Uバラン用 使用環境で選択
VP-13 水道用塩ビ・パイプ	5cm	120 円/m	Uバラン用
VP-13 用キャップ	1個	100 円	Uバラン用

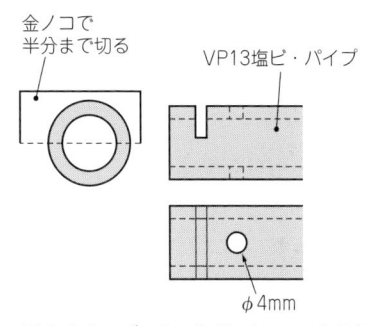

図 2-6-2 ブーム・サポート・マストの加工

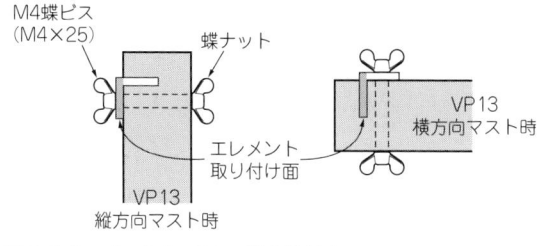

図 2-6-3 ブームをマストへ取り付ける

■ バランの改造と同軸ケーブル

前述した，テレビ用アンテナ整合器を改造します．Uバランを製作して使用する場合は，この項は参考程度にご覧ください．

整合器の300Ωフィーダ部分は長いので，片側3cm程度に切り詰めて，先端にY型端子を取り付けます（**写真 2-6-4**）．

この整合器は，F型コネクタと呼ばれるTVアンテナでよく使われるのコネクタで，同軸ケーブルを接続する仕様になっています．使用する同軸ケーブルに合った，F型コネクタを用意します．筆者はRG-58/Uという同軸ケーブルを使用しました．3D-2Vと同程度の太さの50Ω系同軸ケーブルなのでこれが便利でしょう．RG58/U

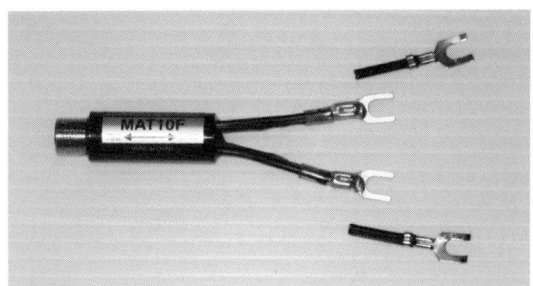

写真 2-6-4　整合器のフィーダ部を加工

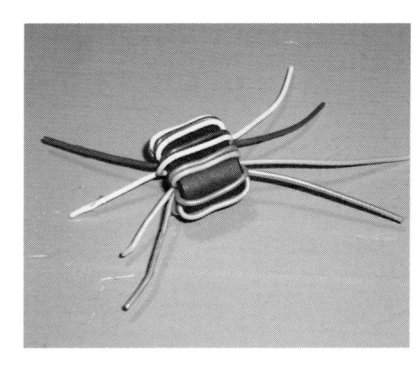

写真 2-6-6　メガネ・コアを使った1：4バラン

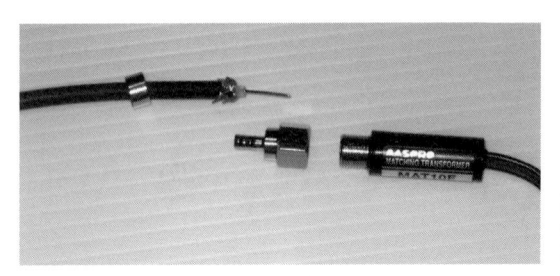

写真 2-6-5　F型コネクタの取り付け

には，3C-2V用のF型コネクタが使用できます．

また，F型コネクタには，芯線が単線の物しか使えません．50Ω系同軸ケーブルには，芯線がより線のものがあるので購入時に注意してください．

F型コネクタの取り付け方は，**写真 2-6-5** を参考にしてください．

■ Uバランの製作
・消えゆく運命の整合器

1：4のバランの代わりに使っている整合器は，各共聴機器メーカーから発売されていました．しかし，2011年7月のテレビ放送の地デジ化に伴い，テレビ・アンテナ周辺機器も大きな変化を余儀なくされています．ここで使用している1：4バランは300Ωのアンテナ入力用のマッチング・トランスであり，低損失同軸ケーブルで配線を行う地デジには不要な機器の一つです．電気店やホームセンターから姿が消えていく商品だと思います．

・1：4バランの製作

テレビ用アンテナ整合器が手に入りづらいので，1：4バランを製作します．まず思い浮かぶのが，メガネ・コアを使ったバランです（**写真 2-6-6**）．製作したバランの SWR は，HF帯〜50MHz帯までがほぼ SWR 1.0，144MHz帯では SWR 1.5 でした．しかし，430MHz帯では3.0以上と，このアンテナには使えませんでした．

そこで，430MHz帯で使える1：4バランとして，同軸ケーブル（3D-2V）を利用したUバランを製作します．

図 2-6-4 のように，1/2波長×速度係数（短縮率，3D-2V の場合は 0.67）で計算した長さの同軸ケーブルを切り出し，フィードする同軸と合わせて3本の先端処理をします．

作り方を（**写真 2-6-7**）に示します．3本まとめた同軸ケーブルは，VP13の塩ビ・パイプにちょうど入ります．そこにVP13のキャップをかぶせるとバランらしくなりました．

200Ωのダミーロードを接続して SWR を測定すると，十分使える範囲内でした．

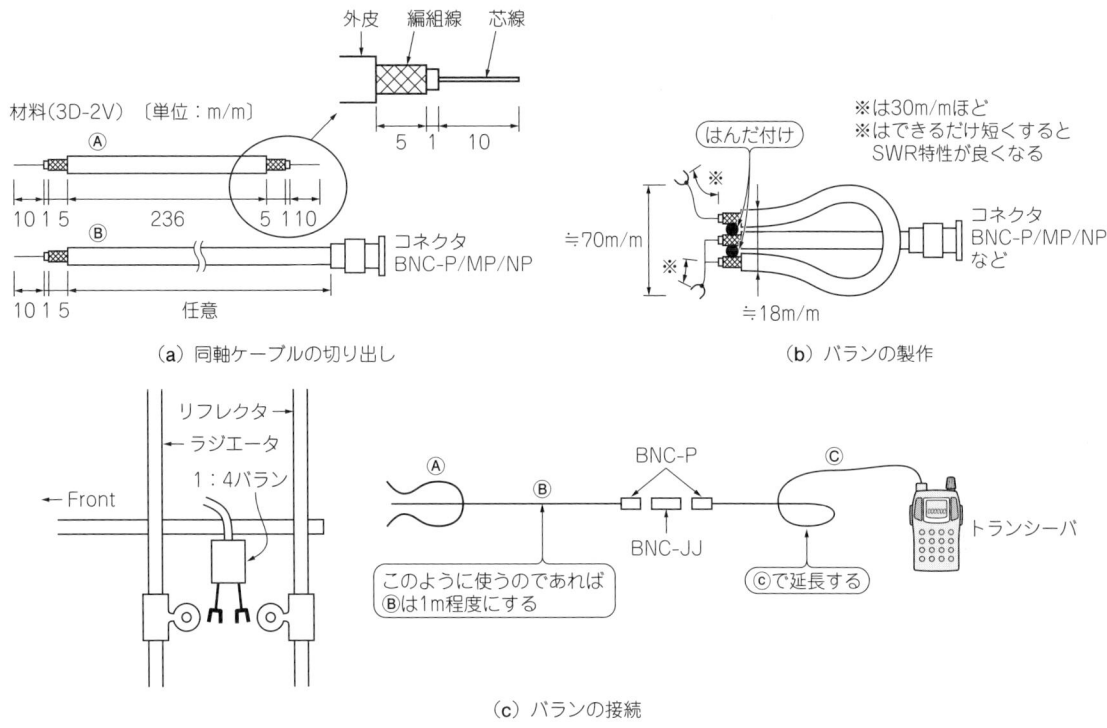

Chapter 02 移動運用のためのアンテナ製作集

図 2-6-4 1：4 U バランの概要

（a）同軸ケーブルの切り出し
（b）バランの製作
（c）バランの接続

■ 組み立てと調整

　改造した整合器（またはUバラン）を，2本のエレメント（RaとRe）の中央から30mm離れたところへ接続します．エレメントへのY型端子の接続には，ビーズ・チェーン用カップリングの接続金具を使用します．ビーズの直径が5～6mm用の金具です．エレメントの6mmパイプにフィットするように，ペンチで整形し（**写真 2-6-8**），ネジ穴の部分を強く挟みます．ここに，4mmのビスとナットで，バランのY型端子を締め付けます（**写真 2-6-9**）．

　給電エレメントが完成したら，ほかの2本のエレメント（D_1，D_2）とともに，L型アングルに取り付けた，めがねクリップでエレメントを挟んで固定します．これで組み立て終了です．

　次に SWR の調整です．バランの接続点を平行に，ブーム側⇔エレメント先端側へとずらすことにより調整できます．**図 2-6-2** で指定した位置でほぼ大丈夫だと思いますが，SWR メータで確認してください．SWR が高い場合は調整します．

　筆者の実測では，ブーム側にずらしたときに，周波数の低いほうで SWR が低下，エレメント先端側にずらすと，周波数が高いほうで SWR が低下しました．

■ 三脚への取り付け方法

　アンテナの重量は，ブーム・サポート・マスト（VP13 パイプ 25cm）を含んでも 150g ほどです．大掛かりなアンテナ・マストは使わずに，カメラ用の三脚に取り付けてみます．

　筆者が所有する三脚のエレベータ部分のポール

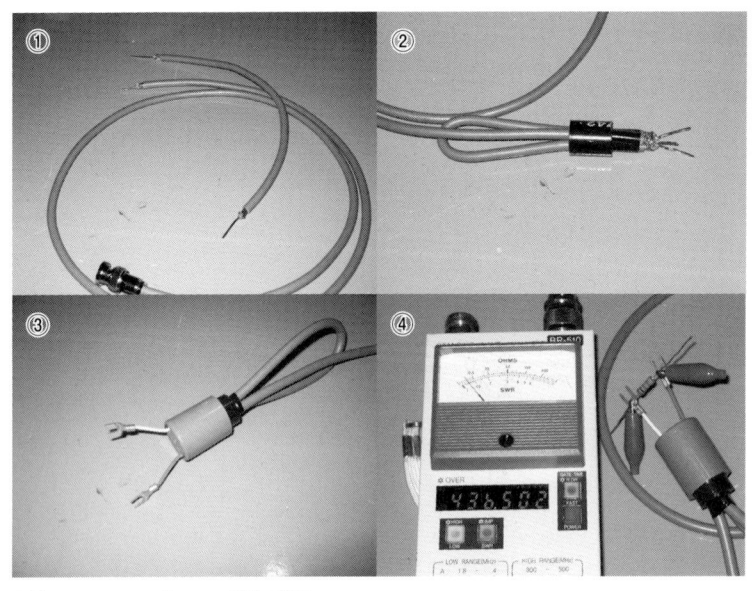

写真 2-6-7　U バランの製作手順
① 同軸ケーブル（3D-2V）を切り出す
② VP13 の塩ビ・パイプを通し，先端を処理する
③ 先端に Y 字端子を付け VP13 のキャップをかぶせるとバランらしくなる
④ 200Ω の抵抗をダミーロードとしてバランの SWR を測定したところ，バンド内で十分使える値になった

写真 2-6-8　エレメントに合うようにラジオペンチでカップリングを整形する

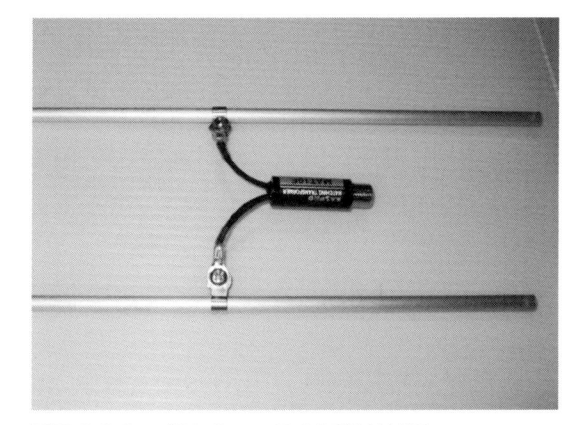

写真 2-6-9　バランをエレメントに取り付ける

直径が 22mm ほどだったので「パイプノット」という商品名で販売されている φ19mm と φ25mm（22.2mm にも適応）のパイプの直交クランプを使用しました（**写真 2-6-10**）．φ19mm 側は VP13 水道パイプ，φ25mm 側はエレベータ・ポールに取り付けます．5mm のボルトで締め付けるようになっていますが，移動先で工具は使いたくないので，5×15mm 長さのノブ付きボルトに交換しました．

この商品はホームセンターの足場用単管や金

Chapter 02 移動運用のためのアンテナ製作集

写真 2-6-11 三脚へアンテナを取り付ける

写真 2-6-10 パイプノットとノブ付きボルト

具，農業用ハウス資材などの場付近に売り場があるようです．φ19～φ38mm くらいの各種パイプの接続用の部材です．ホームセンターになければ，「金物ドットコム（**http://www.canamono.com/**）」で購入できます．

三脚への取り付けは**写真 2-6-11** のようになります．

■ まとめ・運用してみました

作っても，飛ばなければ役に立ちません．完成後，早速フィールド・テストです．筆者の自宅から車で 30 分ほど，筑波山系の小高い丘の上（標高約 150m）の公園へお手軽移動運用です．三脚にアンテナを取り付け，FT-817（内蔵電池で 2.5W）で 430MHz に QRV しました．ちょうどコンテストの最中で，都内の局と静岡県の移動局と QSO できました．

三脚の雲台を回すと信号強度も変化し，ビームが出ていると感じられます．ゲインや FB 比などは測定していませんが，結構使えると思います．

〈JR1CCP　長塚　清　ながつか きよし〉

■ 参考文献 ■

JA7KPI 加藤 OM の Web サイト「Kinks of Pretty Intelligence」**http://www.zcr.jp/~tada/**

2-7 ヘンテナの製作
50MHz 移動運用の定番

■ 人気のヘンテナ

生まれて初めてアンテナを作りました．それは 50MHz 用のヘンテナです（**写真 2-7-1**）．ヘンテナは **図 2-7-1** のようなアンテナで，軽くて簡単に作れて調整も楽，そして 4 エレメント八木程度のゲインがあるとのこと．野外での運用に重宝するそうです．

ヘンテナについては，FCZ 研究所の Web サイト「FCZ LAB へようこそ（**http://www.fcz-lab.com/**）」に，いろいろ興味深いお話が掲載されています．

■ 用意するもの

必要なものを**写真 2-7-2** と **表 2-7-1** に示します．マストとバラン以外はホームセンターでそろ

写真 2-7-1　製作するヘンテナ

表 2-7-1　50MHz 用ヘンテナの製作に使う部品

品　名	数量
短辺エレメント用アルミ・アングル（1m）	2 本
長辺エレメント用ステンレス・ワイヤ（3m）	2 本
給電用ステンレス・ワイヤ（50cm）	2 本
ミノムシ・クリップ	2 個
圧着端子	6 個
蝶ナット／ボルト・セット	4 組
マスト取り付け用 U ボルト／ナット・セット	2 個
マスト（釣り用の玉網の柄，5.4m）	1 本
市販の 1：1 バラン	1 個

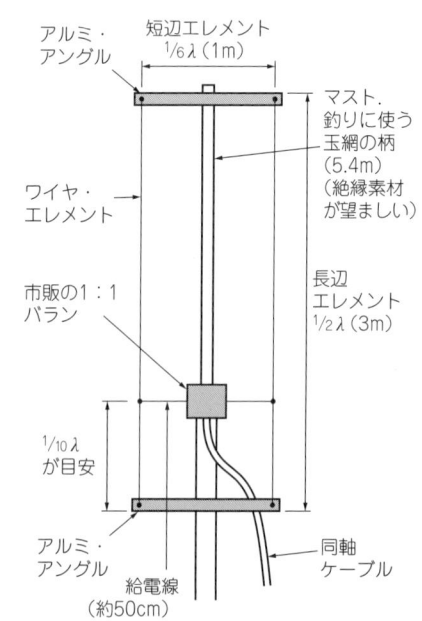

図 2-7-1　ヘンテナの概要

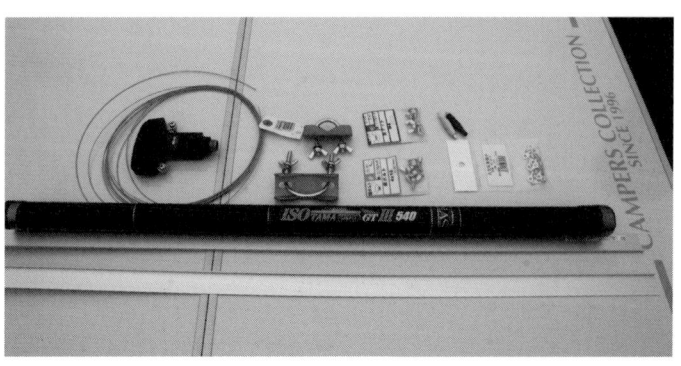

写真 2-7-2　アンテナに製作に必要なもの

うでしょう．マストには，釣り具店で購入した玉網（**写真2-7-3**）の柄を使っています．長さは5.4mです．バランはアンテナと同軸ケーブルをマッチングさせるためのもので，ハムショップで買いました．バランがなくても動作するそうですが，できたらあったほうがよいと思います．

■ **ヘンテナを作ります**

用意した材料もとに，さっそくヘンテナを作りましょう．

• **短辺エレメントの加工**

短辺のエレメントに，ワイヤ・エレメントを留めるための穴（**写真2-7-4**）と，マストにUボルトを留めるための穴をあけます（**写真2-7-5**）．

ホームセンターで売っているアルミのアングルは，表面保護の加工をしてあるので，そのままでは導通がありません．ワイヤ・エレメントを留める穴の周りを紙ヤスリで削って，アルミの地肌を出しました．（**写真2-7-6**）．

• **長辺エレメントの加工**

ステンレス・ワイヤを1/2λ（3m）の長さにカットして，両端に圧着端子を付けます（**写真2-7-7**）．

• **給電線**

約50cmのステンレス・ワイヤに，ミノムシ・クリップと圧着端子を取り付けます（**写真2-7-8**）．バランとエレメントに取り付けたとき，

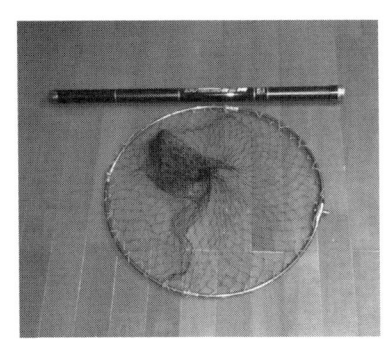

写真2-7-3　マストに使う玉網　網の部分は使わない

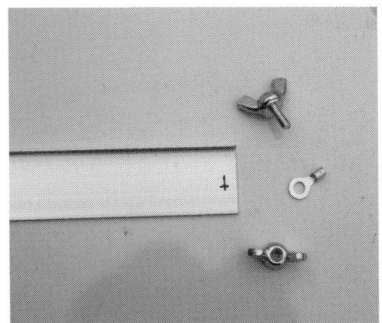

写真2-7-4　ワイヤ・エレメントを取り付ける穴をあける

写真2-7-5　Uボルトを取り付ける穴をあける

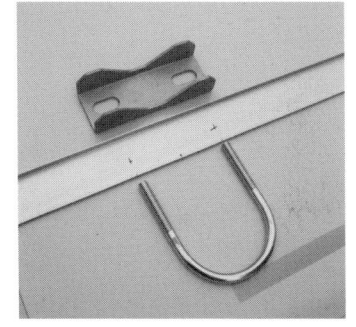

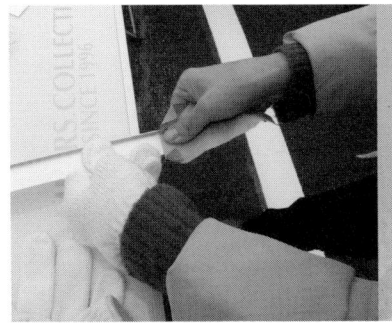

写真2-7-6　紙ヤスリで磨いてアルミの地肌を出しておく

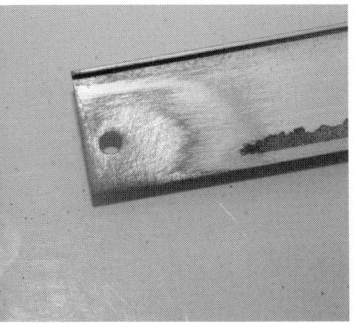

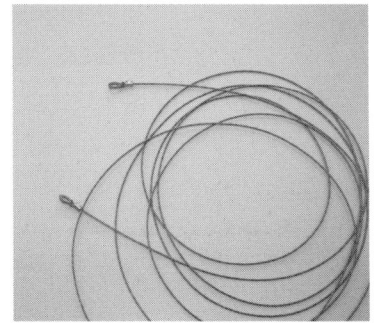

写真2-7-7　ワイヤ・エレメントを切って圧着端子を取り付ける

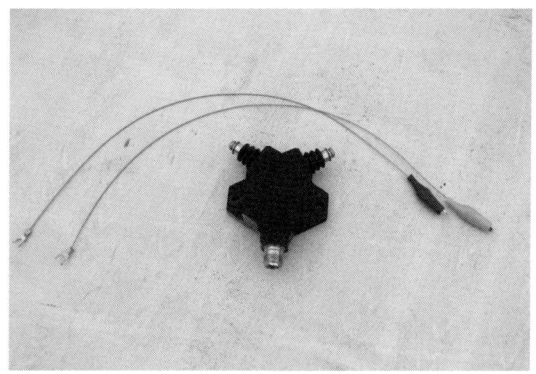

写真 2-7-8　給電線に圧着端子とミノムシ・クリップを取り付ける

写真 2-7-9　アンテナを組み立てたところ

写真 2-7-10　マストを立てて SWR を確認する

ピンとまっすぐになるように長さを調節します．

- **組み立てます**

作った部品でアンテナを組み立てます（**写真 2-7-9**）．給電線は下から 60cm くらいの位置を目安に取り付けます．バランは，ベルクロ・テープつきのゴムバンドでマストに留めました．

■ 調整します

アンテナを立てて調整を行います（**写真 2-7-10**）．調整は，給電線を上下させて SWR が一番下がる位置に合わせます．アンテナの長さや形は，きっちり作らなくても調整で何とかなるので安心してください．

■ まとめ

でき上がったアンテナは，思ったよりも大きく奇抜なデザインで，「え，これがアンテナなの？！」という印象でした．本当に変なアンテナです．でも，簡単に作れて，また多少ラフに作ってもしっかり動作してくれるという優れもの，日本人が開発した世界に誇るアンテナです．まず，このアンテナからチャレンジしてみませんか．

〈JI1JRE　武藤 初美　むとう はつみ〉

■ 参考文献 ■

「FCZ 研究所の Web サイト　FCZ LAB へようこそ」
http://www.fcz-lab.com/

Chapter 02 移動運用のためのアンテナ製作集

2-8 カメラ用三脚アダプタ
お手軽移動運用に便利

お手軽移動運用でいつも使っている，モービル・ホイップやハンディ機用ホイップを手軽に設置できる，簡易アンテナ・スタンドを紹介します．

■ 三脚アダプタとは

テーブルの上にちょこんと置いた三脚に，ハンディ機用のホイップや短いモービル・ホイップ取り付けるためのもので，ハイキングなどでのお手軽移動運用に，もってこいのアンテナ・システムです（**写真 2-8-1**）．

■ 用意するもの

L字アングルを2個，アングルをつなぐためのボルトとナットを2組，ハンディ機用変換ケーブルを用意します（**写真 2-8-2**）．ハンディ機用の変換ケーブル以外は，ホームセンターでそろいます．

■ 作ってみましょう

L字アングルには，M型コネクタを取り付けるための，φ16mmの穴をあけます（**写真 2-8-3**）．でも，このような大きな穴を自分であけるのは大変なので，ホームセンターの金属加工サービスにお願いするのが，いちばん手軽です．

もうひとつのL字アングルには，三脚のネジに取りつけるために，1/4インチのタップを切ります（**写真 2-8-4**）．L字アングルにと穴があいていればそれを利用できますが，あいていなければ，5.1mmの穴をドリルであけます．この穴あけも，金属加工サービスにお願いできます．

そのあと，この二つをボルトで固定すると完成です（**写真 2-8-5**）．

■ こうやって使います

アダプタを三脚に取り付け，同軸ケーブルを取り付けます（**写真 2-8-6**）．ここに，モービル・

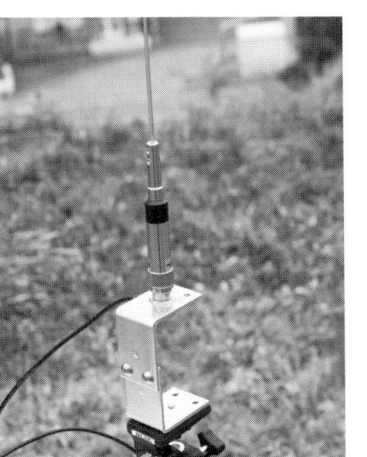

写真 2-8-1 三脚アダプタを使ったアンテナ・システム

写真 2-8-2 用意する金具

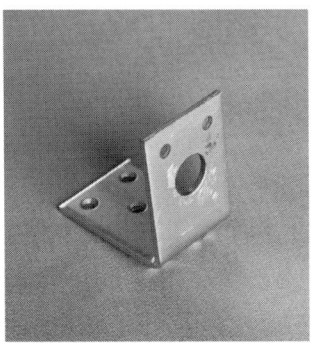

写真 2-8-3 φ16mmの穴は金属加工サービスであけてもらった

移動運用をもっと楽しむための製作集 | 89

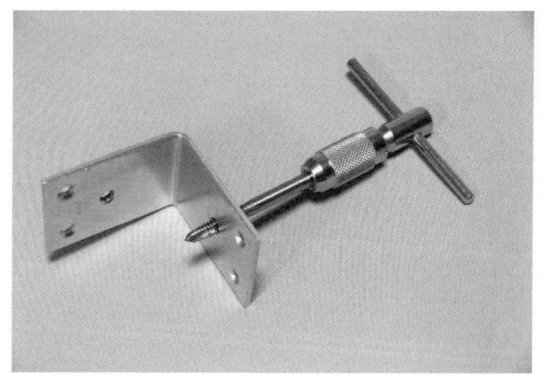

写真 2-8-4 三脚のネジ用に 1/4 インチのタップを切る

写真 2-8-5 アダプタの組み立て完成

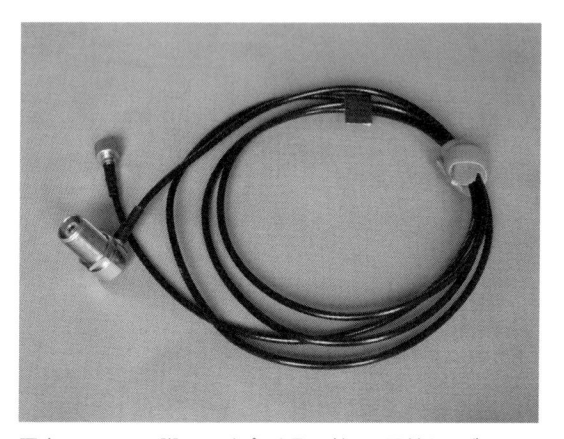

写真 2-8-6 三脚にアダプタを取り付ける同軸ケーブル

写真 2-8-7 実際の運用のようす

ホイップを取り付けます．移動先のテーブルの上に置くと（**写真 2-8-7**），ハンディ機でも快適に安定して運用できます．

■ お手軽移動運用のお供にどうぞ

低山ハイキングのお供に，三脚とハンディ機を連れて行ってみませんか．気持ちのいい山で，手軽な移動運用が楽めます．三脚は，もちろん撮影にも使えるので，無線とともに写真も楽しめますよ．

〈CQ ham radio 編集部〉

Column 02　製作にあると便利な工具

● ツール・クリッパー

はんだ付けを行うときに「手がもう一本欲しい」と思ったことはありませんか？ そんなときにサポートしてくれる便利な道具です．部品をくわえさせてビニル線をはんだ付けしたりするときに重宝します．ルーペ付きのモデルもあるので，細かい作業にも使えます．実売価格は1,000円程度なので，費用対効果も申し分ありません！ ぜひ持っておきたい1台です．

● ホット・ボンド

部品などを固定する際，接着剤では接着面積が狭すぎてうまくくっつかないという経験は誰もが持っていると思います．そんなとき，ホット・ボンドを使えばうまくとめられるかもしれません．また，接着剤ではくっつかない素材同士も，ホット・ボンドで接着できる場合もあります．

スティックは透明だけなく，いろいろなカラーも用意されています．デザインのちょっとしたアクセントにも使えそうです．

持っていて損はない1台です．

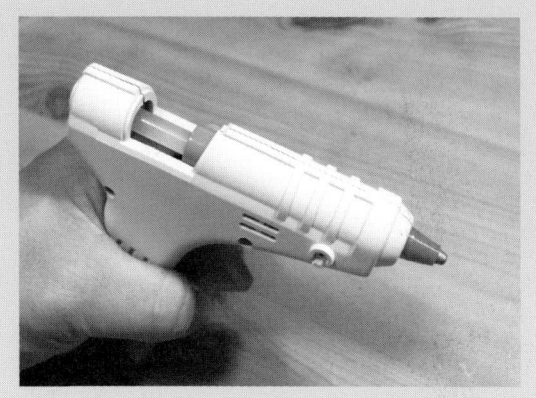

ツール・クリッパー

ホット・ボンド

Chapter 03

電源に関する製作集

3-1 秋月のキットを使用した 小型シール鉛蓄電池用充電器の製作

　秋月電子通商から発売されている小型シール鉛蓄電池用充電器キットの製作と改良を紹介します．製作にあたっては，キット付属の説明書をよく読み理解したうえで，本稿を参考にしてください．

■ 小型シール鉛蓄電池

　最近，ハムのイベント会場などで，中古の小型シール鉛蓄電池が格安で並んでいるのをよく見かけます（**写真 3-1-1**）．おそらく，無停電電源装置に使われていたものが，装置の信頼度を保つため定期交換のため放出されたもので，良好な充電管理がされていたようです．2個を直列につなぐと 12V 7.2Ah なので，FT-817 や自作 QRP 機の移動用外部電源として最適でしょう．

　新品を買い求めるなら，秋月電子通商でいろいろな容量のシール鉛蓄電が売られています．容量は控えめだが軽量コンパクトなもの，重いが容量が大きく長時間運用ができるもの，そしてサイズと容量のバランスがちょうど良い 7.2Ah のもの（**写真 3-1-2**）など，それぞれの用途に合わせて選べます．

　シール鉛蓄電池の充電は定電圧充電が推奨されており，12V の蓄電池だと 14.0V 程度の定電圧電源に 10 時間程接続しておけば，ほぼ満充電になるようです．ただ，充電初期に大きな電流が流れないように制限するとか，充電開始時の残容量で充電終了までの時間が異なるなど，注意は必要です．また，定電流電源などを使うと，過充電になることも考えられます．

写真 3-1-1　販売していたジャンクのシール鉛蓄電池
2 個直列につないで 12V 7.2Ah

鉛蓄電池充電器パーツキット
通販コード [K-00074]
価格 1,000 円（税込み，送料別）
● キットの発売元
秋月電子通商
http://akizukidenshi.com/
TEL 03-3251-1779

Chapter 03 電源に関する製作集

小型シール鉛蓄電池の充電には，この電池に対応した充電器を使う必要があります．未対応のものを使用すると，最悪の場合筐体が破裂する危険があるので注意が必要です．

■ そこで秋月のキット

秋月電気通商から，このシール鉛蓄電池用の充電器キットが発売されています．キットの名前は「鉛蓄電池充電器パーツキット」．今回の目的にはぴったりで，インターネット通販でも購入が可能です（**写真 3-1-3**，**表 3-1-1**）．このキットには，電源とケースは付属しないので別途用意します（**写真 3-1-4**，**表 3-1-2**）．

写真 3-1-2　市販されている小型鉛シール蓄電池の例
秋月電子通商で販売されている 12V 7.2Ah の小型鉛シール蓄電池（ジーエス・ユアサバッテリー製）

写真 3-1-3　小型シール鉛蓄電池充電器キットの内容
部品点数は少ないので，製作する上での部品間違いはまずないだろう

表 3-1-1　キットに含まれている部品リスト

部品名	詳　細	備　考
IC	723D JRC	
C_2	470～2200μF 35V 以上 電解コンデンサ	入っていたのは 1000μF 35V
C_4	1000～2200pF セラミック・コンデンサ	入っていたのは 1000pF
VR_1	500Ω（500～2kΩ）	入っていたのは 1kΩ
VR_2	5kΩ（1k～10kΩ）	入っていたのは 2kΩ
R_5, R_6	7.5kΩ（紫緑赤金）カーボン抵抗	
R_7	1Ω 5W セメント抵抗 5Ω 5W セメント抵抗	どちらか一つを使う
Tr	2SD2162（互換品の場合あり）	入っていたのは 2SD1128
放熱器	パワー・トランジスタ用	
整流器	KBL02	使用せず
基板	専用プリント・パターン	

移動運用をもっと楽しむための製作集

写真 3-1-4 キットの内容以外に必要としたパーツ
ACアダプタ STD-2427(24V/2.7A) 秋月電子通商で購入．ケース リード PS-3．基板取り付け用セパレータ．入出力用丸形ジャックなど

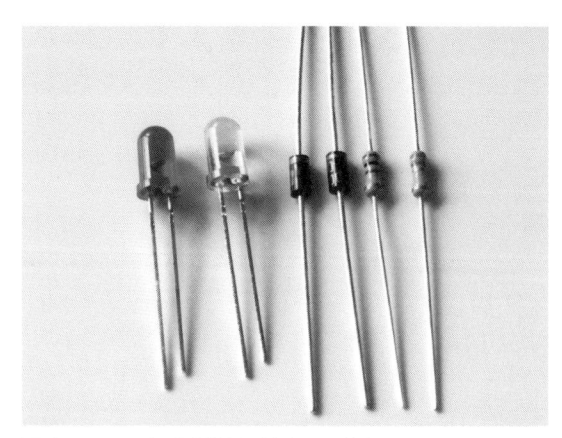

写真 3-1-5 充電監視用に追加した部品
抵抗とダイオード，LED が各 2 個ずつ

表 3-1-2 キットの製作に別途必要なもの

部品名	詳細	備考
ケース	リード PS-3	W160×H70×D130mm
AC アダプタ	AC アダプタ（STD-2427）	24V 2.7A 1,700 円 秋月電子通商にて購入
入力端子	φ5.5mm ジャック	AC アダプタの受け側
出力端子	φ4mm ジャック，プラグ（極性統一#2）	FT-817/VX-7 などの外部電源端子に同じ．千石電商にて購入．使用する無線機の電源端子に合わせておくと便利
配線用線材	少々	入出力用に少し太めの線材も用意する
セパレータ	PCB / 放熱器 固定用	10mm 長 ×5 個

　昔から秋月のキットには，自作欲を駆り立てる内容と買いやすい価格設定に人気があります．

■ **キットに改良を加える**

　今回は，7.2Ah の小型シール鉛蓄電池を充電することを念頭に置いて，このキットを製作します．

　このキットは部品点数も多くはなく，回路図も簡単です．しかし，フィールドに持ち出した電池がまったく充電されていなかったということのないよう，少し部品を追加（**写真 3-1-5**）して，「POWER ON」の表示と充電状態の監視ができるようにしました．必要なものは**表 3-1-3** のとおりです．変更した回路図を**図 3-1-1** に示します．

　LED$_1$ は「POWER ON」表示，LED$_2$ は充電状態を監視します．充電の進行とともに暗くなり，完了で消灯します．その後も充電を継続すると約 20mA でフローティング充電されます．この機能追加は，JA1UKF 田口 OM の Web サイトを参考にさせていただきました（Tnx OM）．

　今回，電源として秋月通商で扱っている AC アダプタ STD-2427（出力 24V 2.7A）を使用

Chapter 03 電源に関する製作集

表 3-1-3 今回追加する部品

部品名	詳細	備考
D_1, D_2	シリコン・ダイオード 1A	
R_{10}	3.3k 1/4W	
R_{11}	100Ω 1/4W	
LED_1	緑	POWER 表示
LED_2	赤	充電表示

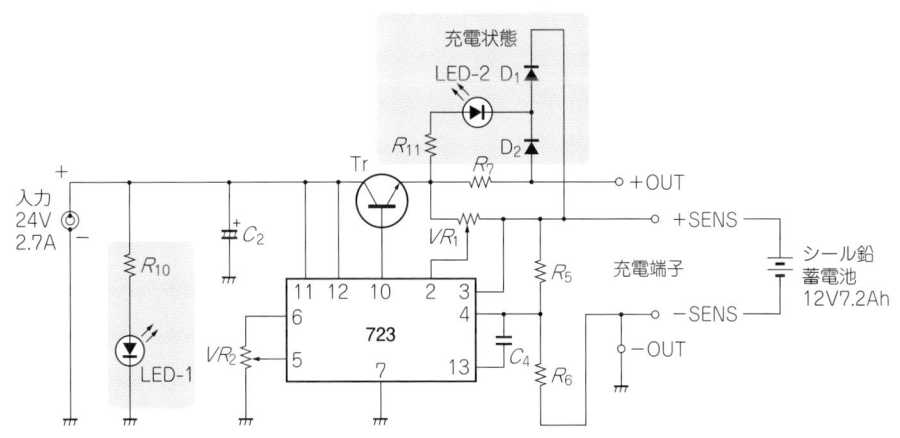

図 3-1-1 充電器キットの回路図
囲み部分は追加した回路

します．出力が24Vは高すぎると思われるかもしれませんが，R_7 に5Ωを使い，充電監視用に追加したダイオード2個の電圧ドロップが約5Vあるためです．秋月電子が推奨している，出力19VのACアダプタSTD-1934（出力19V 3.4A）では，700mAの充電電流を流すことができません．キットの説明書にも，電源トランスを別途使う場合は22Vの2次出力が必要と書かれています．

ただし，このキットを無改造で使用する場合は，19VのACアダプタを使用してください．

■ 組み立て

それでは，キットを組み立てましょう．

● まずジャンパ線を取り付ける

このキットの基板は大きいしパーツも少ないので，製作は格段に容易です．プリント基板の表面にはパーツ配置がプリントされているので，戸惑うことはないでしょう．

しかし，元は安定化電源用の基板なので，使わない部品パターンが9個，そしてジャンパ線によるショートが7か所必要です（**写真3-1-6，表3-1-4**）．説明書にはショートさせる部分が8か所で「＋OUTと＋SENS間」もジャンパ線によるショートを行うように記載していますが，今回はLEDを点灯させる改造を行うので，この部分はショートさせません．

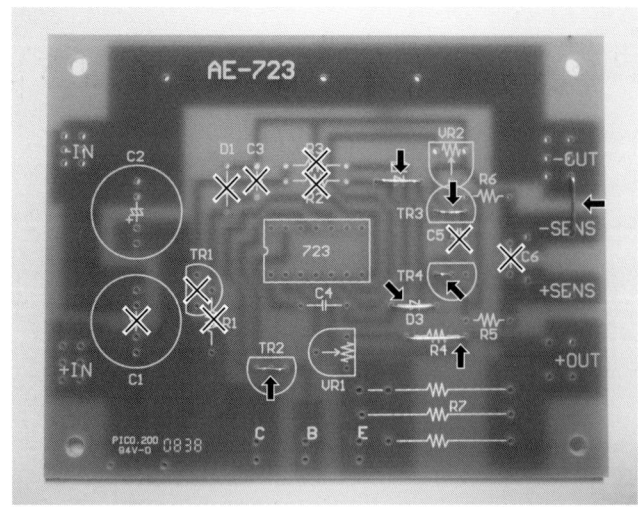

写真 3-1-6　使わないプリント・パターン(×印)とジャンパをする場所(↓)

表 3-1-4　使わないプリント・パターンとジャンパする場所

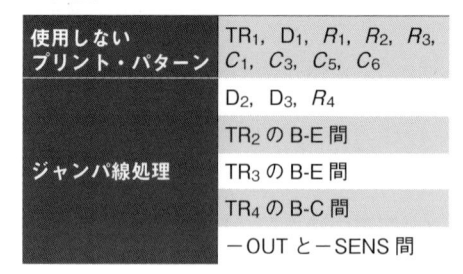

使用しない プリント・パターン	TR_1, D_1, R_1, R_2, R_3, C_1, C_3, C_5, C_6
ジャンパ線処理	D_2, D_3, R_4
	TR_2 の B-E 間
	TR_3 の B-E 間
	TR_4 の B-C 間
	-OUT と -SENS 間

写真 3-1-7　キットに含まれていたパワー・トランジスタ
互換品に変更される場合もある

　部品の取り付けは，まずジャンパ線からです．その後はどの部品を取り付けてもかまいませんが，IC 用の 14 ピン・ソケットの向きは注意しておきます．基板だけなら，ていねいに作っても 2 時間あれば十分でしょう．

　しかし，注意する点が一つ．説明書には，6～10Ah の鉛蓄電池充電する場合，R_7 は 1Ω を選択すると書いていますが，今回は改造を行うので 5Ω を選択してください．

・パワー・トランジスタの取り付けは要注意

　キットに付属するパワー・トランジスタは，説明書と異なる場合があるので注意が必要です．筆者が製作したときは，説明書に書かれていた 2SD2162 ではなく互換品の 2SD1128（**写真 3-1-7**）が入っていました．購入する時期によっては，さらに別の互換トランジスタが入っているかもしれません．

　2SD2162 はレジン・モールドなので，ケースへの放熱器取り付けに特別な注意は必要ありませんが，2SD1128 はコレクタが放熱兼取り付け部に接続されています．説明書によると放熱器をケースへ固定することも想定しているようですが，放熱器をケースにネジ止めすると，入力の＋24V がケースに接続されることになり危険です．さらに，付属の放熱器はプリント基板に載せるタイプのようで，そのままではケースへの固定が困難です．

　このことから，フィンの片側に 3mm の穴をあけ，10mm の絶縁セパレータを介してケースにネジ止めすることにしました（**写真 3-1-8**，**写真 3-1-9**）．基板の ECB からトランジスタへの接続は，少し太めの線材でしっかり行います．

・追加部品の取り付け

　充電監視などの追加機能部品は，基板に十分な

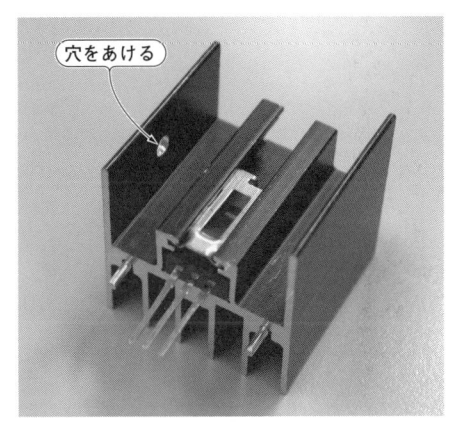

Chapter 03　電源に関する製作集

写真 3-1-8　放熱器の加工
パワー・トランジスタ用の放熱器にネジ止めの穴をあける

写真 3-1-9　ケースに取り付けている放熱器
セパレータを介して放熱器を取り付ける

写真 3-1-10　1A ダイオードを 2 個直列に接続
中点には充電表示用 LED の−側を接続するので端子状に加工しておく

写真 3-1-11　パワー・トランジスタのエミッタに 100 Ωの抵抗を接続
ここに充電表示用 LED を取り付ける

　スペースがあることと使用していない穴があることから，これらを利用して取り付けました．1A のシリコン・ダイオード 2 個を極性に注意し，直列に接続します（**写真 3-1-10**）．中点はねじってリード線が付けやすくしておきます．直列に接続したダイオードの＋側は基板の＋OUT へ，−側は ＋SENS へ，2SD1128 のエミッタから 100Ωを介して赤色 LED の＋側へ，赤色 LED の−側は直列に接続したダイオードの中点にそれぞれ接続します（**写真 3-1-11**）．

　電源 ON 表示の回路は，＋側の基板の一部をカッターで削ってランドを一つ作り（**写真 3-1-12**），このランドと＋IN の間に 3.3kΩの抵抗を接続します（**写真 3-1-13**）．ランドから緑 LED の＋へ，LED の−は−IN に接続します．
　基板から外部への接続（入力，出力，LED）は基板に直接配線してもいいのですが，φ0.6mm 程度の導線をねじって作った外部端子（**写真 3-1-14**）を増設しました．配線はこのほうがやりやすくなります．

写真 3-1-12　カッターで削りランドを作る
LED を接続しやすくするためにランドを作る

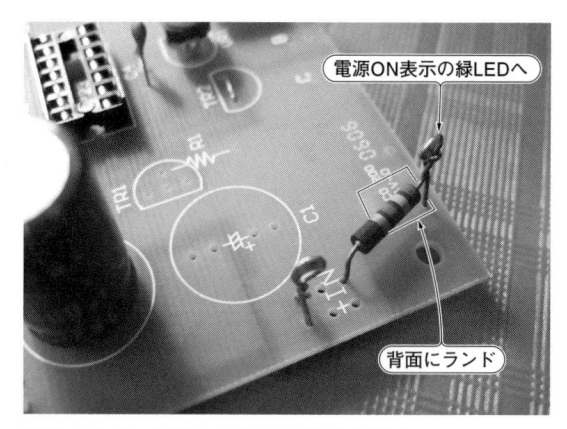

写真 3-1-13　電源 ON 表示 LED 用の端子
写真 3-3-12 のランドに 3.3kΩ の抵抗を固定し電源 ON 表示 LED を接続する

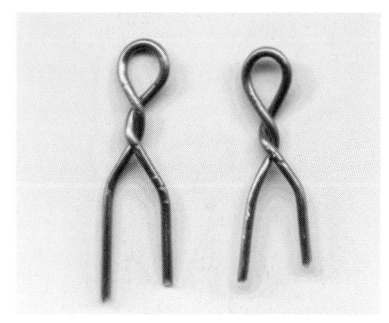

写真 3-1-14　自作した外部端子
基板の空きの穴にはんだ付けをして LED や電源ラインを接続する

写真 3-1-15　完成した基板
指示している場所に LED を接続する

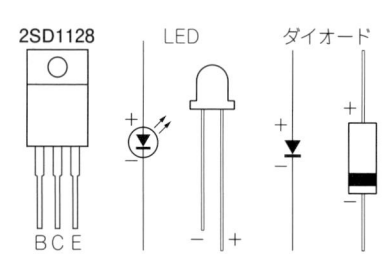

図 3-1-2　デバイスの極性
極性を間違えないように接続する．2SD1128，2SD2126 脚の配置は同じ

　ダイオードや LED には極性があるので間違えないように注意します（**図 3-1-2**）．**写真 3-1-15** にすべての部品の取り付けが終わり，完成した基板を示します．

　LED は，パネルに LED の直径より少し小さめの穴をリーマであけ，少しキツ目に差し込んで，裏側を接着材で固定しています．充電出力は φ4mm の丸形ジャックとし，FT-817 の外部

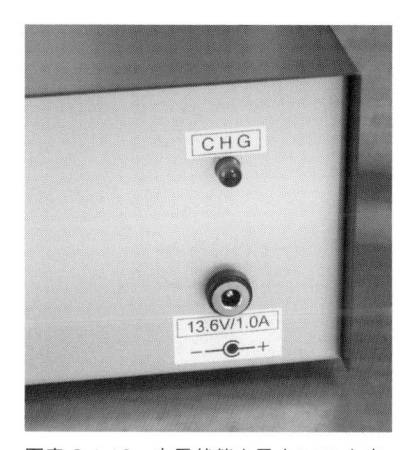

Chapter 03　電源に関する製作集

写真 3-1-16　充電状態を示す LED と出力ジャック
出力ジャックは使用する無線機の電源端子に合わせると便利．ここでは FT-817 の電源端子に合わせている

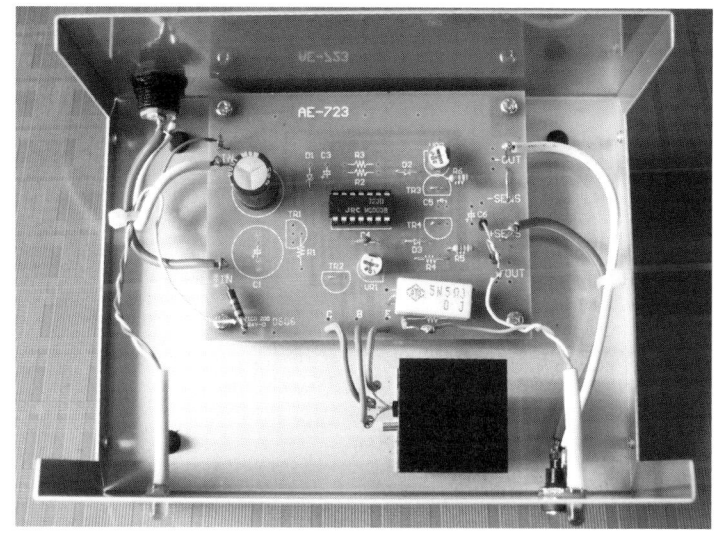

写真 3-1-17　ケース内の配線を行う
入出力の配線は少し太めの線材を使う

写真 3-1-18
調整は 2 か所の VR で
VR_1 で電流を，VR_2 で電圧の調整を行う

電源入力ジャックに合わせました（**写真 3-1-16**）．入出力，LED，2SD1128 への接続を行います（**写真 3-1-17**）．入出力の接続には少し太めの線材を使います．

■ 調整

簡単な回路なので間違うことはないと思いますが，もう一度組み立て方に間違いがないか確認してください．問題がなければ，本体に何も接続していない状態で＋IN と－IN 間，＋SENS と－OUT 間の導通を確認します．0Ω，ショートでなければ OK です．

それでは調整に入ります（**写真 3-1-18**）．ここでは充電する小型シール鉛蓄電池を 12V 7.2Ah として調整します．

移動運用をもっと楽しむための製作集 | 99

写真3-1-19 充電中の本機
接続する順番に注意する

- **充電電圧を調整する**

 まずは充電電圧の調整です．出力には何も接続しない状態でACアダプタを接続し，＋SENSと－OUT間の電圧をテスタで計り，その値が13.68VになるようVR_2を調整します．アナログ・テスタの場合は，小数点以下が正確に読み取れないので，目分量で13.7Vくらいにします．

- **充電電流を調整する**

 次に充電電流を調整します．一度電源を切り，VR_1を回し切った状態で，使い切った蓄電池（無負荷の端子電圧が12Vのもの）を接続します．その後電源をONにします．R_7の両端の電圧をテスタで計りながら，その値が3.6VになるようVR_1を調整します．

 バッテリの残容量の大きいものは所定の電流が流れないので，正しく調整ができません．このため，使い切った電池を用意する必要があります．

 シール鉛蓄電池の充電電流は，容量の1/10で行うため，今回の場合は7.2÷10＝0.72（A）流す必要があります．R_7（5Ω）の両端の電圧は充電電流を間接的に読み取っているもので，0.72×5＝3.6（V）が設定値になります．もし手元に1～2A程度の電流計があれば，出力端子に直列に電流計を入れ，その値が0.72AとなるようVRを調整してもかまいません．

 充電するシール鉛蓄電池の容量が7.2Ahと異なる場合は，上記の計算式に当てはめて，VR_1による充電電流の設定を行ってください．

■ **使ってみる**

 バッテリ・メーカーのYUASAのデータによ

ると,無負荷の電圧が 12.6V で 100%の容量,12.0V で 25%の残量と書かれています.ゆえに,端子電圧が 12.0V あるいは 12.0V を少し下回ったら充電を始めます.

それでは,本機を使って充電を開始します(**写真 3-1-19**).ただし,接続には順番があるので注意してください.まず AC アダプタを本機につなぎます.緑の LED が光って電源が ON になります.その後に,充電する小型シール鉛蓄電池を接続するのです.これは充電器の IC を保護するためです.この順番は守ってください.

充電開始直後は,ほぼ 700mA 流れます.2SD1128 は熱く,R_7 もかなり熱を持ちますが許容範囲です.4〜5 時間もすると電流は半減するので,発熱も収まります.ほぼ 10 時間くらいで充電表示の LED は消えますが,この時点では完全充電ではないので,さらに 2 時間程度は継続したほうがよいでしょう.完全に充電完了後も充電器に接続したままだと 20mA 程度の電流で充電し続けるフローティングの状態になるので,常に 100%充電の状態が保たれます.

■ **鉛蓄電池を長く使うために**

長い歴史のある鉛蓄電池には古いというイメージが付いてまわりますが,最新のニッケル水素電池やリチウムイオン電池と比べると,驚くほどタフなのです.重量や体積の面では多少不利ですが,新品でも秋月電子通商などで安価に購入できるというメリットもあります.

ただ,鉛蓄電池を長く使い続けるには,良い充電器が必要です.皆さんも,この充電器を試してみてはどうでしょうか.

〈JA3AAD 渡辺 泰弘 わたなべ やすひろ〉

■ **参考文献** ■

JA1UKF 田口 OM の Web サイト「夢のアマチュア無線」
http://www.geocities.jp/yumenoamachuamusen/

Column 03　FT-817 用単 3 ニッケル水素電池 11 本パックの製作

FT-817 でフルパワー(5W)運用するためには,電源電圧が 12V 以上必要です.そのためのバッテリ・パックを製作します.

単 3 電池 6 本の電池ケースを 2 個と,ニッケル水素電池を 11 本を組み合わせています.12 本では電池の満充電時に FT-817 の定格電圧を超えてしまうのでご注意ください.また,通常の乾電池も使用しないでください.これも FT-817 の定格電圧を超えるので,無線機の破損につながります.

このバッテリパックは,安定して 5W 出せますが,電池の消耗は早くなるうえに,電池が過放電になる恐れもあります.電圧監視に配慮してください.

単 3 電池 6 本のケース 2 個を直列につなぐ.ダミー電池があればそれを利用するが,なければ 1 本分をジャンパ線でつなぐ

3-2　昇圧型電源の製作
12Vのバッテリを13.8Vに

シールド・バッテリや車のバッテリなどからの12V電源を，無線機用の13.8Vまたはパソコン用の電源に昇圧させるDC-DCコンバータを製作します．とても便利なので，ぜひ用意しておきたい周辺機器の一つです．

■ はじめに

シールド・バッテリなどの定格12V系のバッテリは，そこそこの容量が確保できるわりには安価なうえ取り扱いも便利なので，ハンディ機やFT-817などのQRP機の外部電源として，活用されている方も多いのではないかと思います．

しかし，充電池や乾電池での使用を考慮している無線機は，電圧が低下すると減電圧モードに入りパワーを下げてしまいます．バッテリの過放電対策としてはありがたい機能ですが，すぐにパワー・ダウンしてしまい，歯がゆい思いをした方も多いと思います．

特に，FT-817は12Vを下回ると，すぐに出力が2.5Wに自動的に下がってしまい，フルパワーでの運用ができなくなります．外部シールド・バッテリを使用しても同様です．

そこで，もう少し長く5W運用ができればとの思いで，この昇圧型電源を作ることにしました．さらに，車内運用や屋外運用時のに使うロギング用のノート・パソコンの電源も電圧の変更だけで対応できるので，併せてこちらの昇圧電源も製作しました．

■ おもな部品と材料

今回の製作の主役は，リニアテクノロジー社のLT1170（http://www.linear-tech.co.jp/product/LT1170）という，とても便利なICです（**写真3-2-1**）．

表3-2-1　LT1170の主な仕様

● 特長
・広い入力電圧範囲…3～60V
・低静止電流…6mA
・内部5Aスイッチ
・シャットダウン・モードでの消費電流がわずか50μA
・必要な外部部品が非常に少ない
・過負荷から自己保護
・ほぼすべてのスイッチング・トポロジーで動作
・フライバック・モードにより完全絶縁出力が可能
・標準5ピン・パッケージで供給
・外部同期が可能
● アプリケーション
・ロジック電源…5V，10A
・5Vロジック電源から±15Vオペアンプ電源
・バッテリの昇圧コンバータ
・パワー・インバータ（＋から－）または（－から＋）
・完全絶縁マルチ出力
・電源コネクタ

※ データシートより抜粋

写真3-2-1　リニアテクノロジー社のLT1170

Chapter 03 電源に関する製作集

LT1170のデータ・シートによると,主な仕様は**表3-2-1**のとおりです.このICを使えば,10個以下の外付け部品で最大5Aが取り出せるDC-DCコンバータが作れてしまいます.

必要な部品は,データシートに掲載されている基本回路図(**図3-2-1**)を参考にした本機の回路図(**図3-2-2**)に沿って集めました.ほかには,ケースやバッテリ接続,出力接続用の電源コネクタや中継カップリングなどです(**表3-2-2**).

入手しにくい部品はICとインダクタ(L_1)ではないかと思いますが,ICは千石電商(http://www.sengoku.co.jp/)やマルツパーツ館(http://www.marutsu.co.jp)で購入できます.インダクタは,秋葉原の鈴商(http://www.suzushoweb.com/)で100μH 5Aのものを購入しました.電流容量が不足する場合は並列接続も可能ですがインダクタンスは半分になってしまうので注意してください(200μH 3Aを並列につなぐと100μH 6Aになる).

今回は同じものを2台製作し,出力電圧を無線機用として13.8V,パソコン用として16Vにしました.ノート・パソコンの電圧はお持ちの機種に合わせて設定してください.

■ 工夫した点

専用ICに外付け部品8点なので,工夫するところは多くありません.基本回路図を参考に**図3-2-2**の回路図のように製作します.

●基板はランド方式

本機の回路は簡単なので,プリント基板は作らずにランド方式で配線しました.

インダクタンスやダイオードなど,電流の流れるポイントがあります.そこに電流容量の確保できるケーブルをはんだ付けするので,ランド方式が作りやすいと思います.

●ICとダイオードの取り付け

このICはとても便利なのですが,TO-220パッケージに5本足なのが厄介なところです.ICのリード・ピッチは1.70mmです.

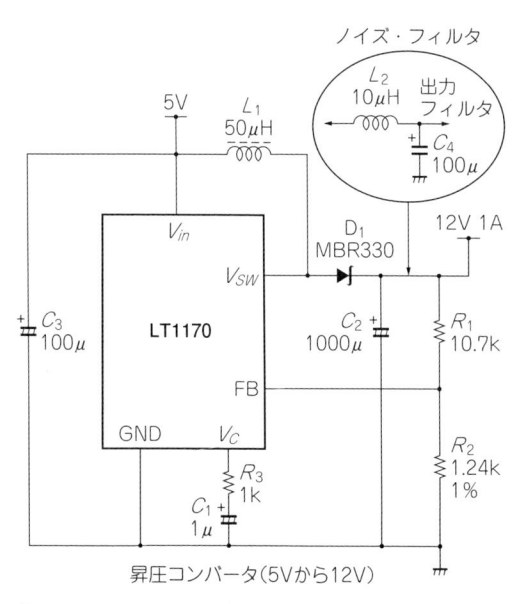

図3-2-1 LT1170のデータ・シートにある基本回路図

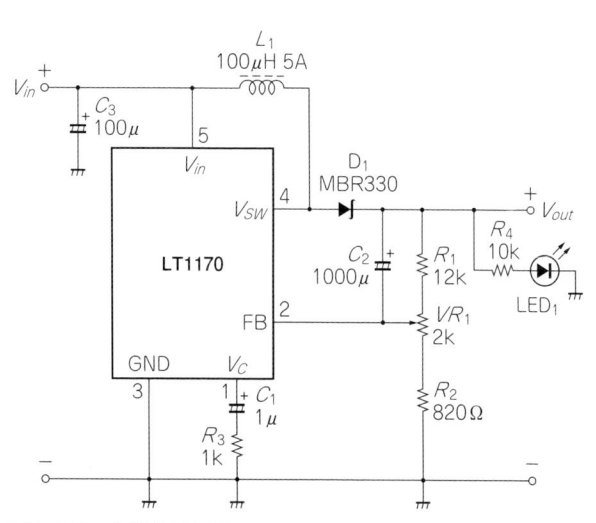

図3-2-2 本機の回路図

表 3-2-2　使用する部品

品　名	品番/仕様	数　量	備考・購入先
IC	LT-1170	1	千石電商＠1270円
インダクタ	100μH 5A	1	鈴商＠200円
ショットキー・バリア・ダイオード	MBR202000	1	マルツパーツ
コンデンサ	1μF 25V	1	千石電商
	100μF 25V C_3	1	千石電商
	1000μF 25V	1	千石電商
抵抗	12kΩ 1/4W R_1	1	千石電商
	820Ω 1/4W R_2	1	千石電商
	1kΩ 1/4W R_3	1	千石電商
多回転ボリューム	2kΩ R_1に入れる	1	千石電商
ケース	タカチ MB2	1	千石電商
ユニバーサル基板	IC用	1	千石電商
生基板		1	千石電商
LEDランプ		1	千石電商
LEDランプ用抵抗	10kΩ 1/4W	1	千石電商
5mmスペーサ	高さ5mm φ3用	2	千石電商
電源コネクタ		必要数	使用する機器に合わせる

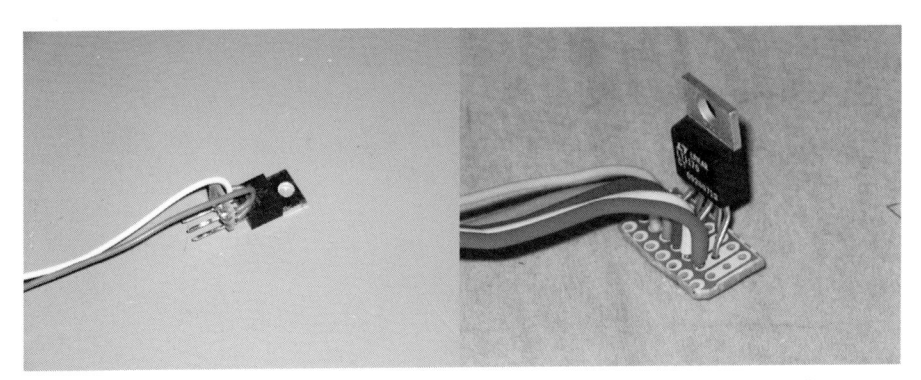

写真 3-2-2　LT1170（左）とショットキー・バリア・ダイオード（右）を穴あき基板に取り付ける

　このピッチに近い穴あき基板を購入したのですが，穴が小さいので広げないと入りません．しかし，ドリルで穴を広げると，銅箔部分がほとんどなくなってしまい，はんだ付けができなくなってしまいます．ピンに直接はんだ付けをするのもいいですが，引き回しの最中に足が折れそうです．

　そこで，ちょっと足を広げる必要はありますが，2.54mmピッチのIC基板の5～6ピン分を切り取って，接続アダプタのようにしました．ショットキー・バリア・ダイオードも同様に取り付けます（**写真3-2-2**）．この方法で，リード線のはんだ付けも引き回しも楽になりました．

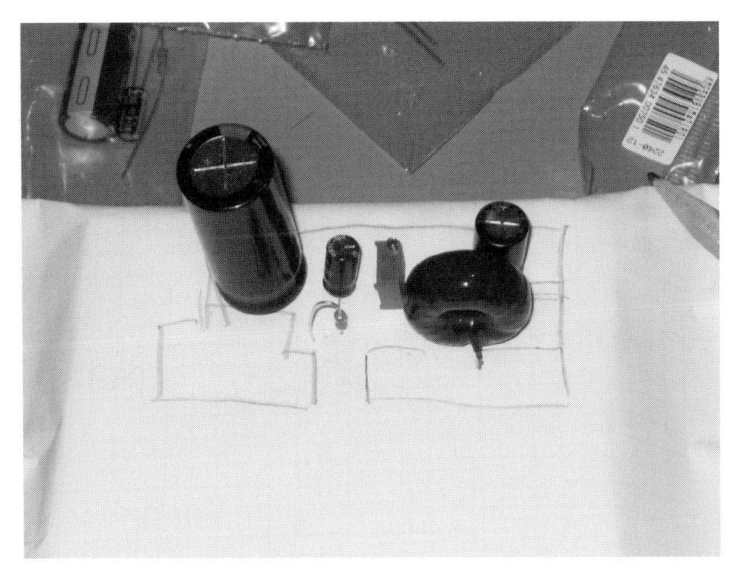

Chapter 03　電源に関する製作集

写真 3-2-3　部品の配置を決める

・出力電圧の設定

　図 3-2-2 で示すように，出力電圧を可変できるよう，VR_1 を追加します．それに伴い，R_1 と R_2 の値も変更しています．

　IC の2番ピン（FB）をアース側に近づけると出力電圧が上昇します．このため，出力電圧が上がり過ぎて出力フィルタの電解コンデンサの耐圧を超えないように，多回転ボリュームのアース側に820Ω固定抵抗を直列に挿入しておきます．こうすることで，2kΩの多回転ボリュームで最高で 19.5V が可変範囲となります．

　R_1 と R_2 を固定抵抗で設定する場合，計算値では R_1 = 12kΩ と R_2 = 1kΩ の組み合わせで 16.16V，R_1 = 12kΩ と R_2 = 1.2kΩ の組み合わせで 13.68V になります．

■ 製作しましょう

　発砲スチロールの上に 5mm マスの用紙を置き部品を並べて，間隔やランドの大きさを決めていきます（**写真 3-2-3**）．

　太めの電線が接続されるポイントは，大きめのランドにします．部品の谷間ができる配置にすると，部品は置けてもはんだごてが入らなくなるので要注意です．余裕を持った配置にします（**図 3-2-3**）．筆者は基板を 60mm×40mm の大きさにしました．ケースはタカチの MB2（W70×H50×D100）を使用しました．

　ベタ基板に，マジックでランドを書き，ランド間の隙間に沿ってカッターナイフでスジを入れます．銅箔面側からはんだゴテで熱して端のほうからまくり上げて銅箔をはがします（**写真 3-2-4**）．ケース内には**写真 3-2-5** のように配置することになります．IC はケースに直付けして放熱させます．

　基板にヒューズ・ホルダ，電源の入出力ケーブル，出力表示の LED の穴をあけます．基板固定用ビス穴，IC 取り付けビス穴もあけます．

移動運用をもっと楽しむための製作集

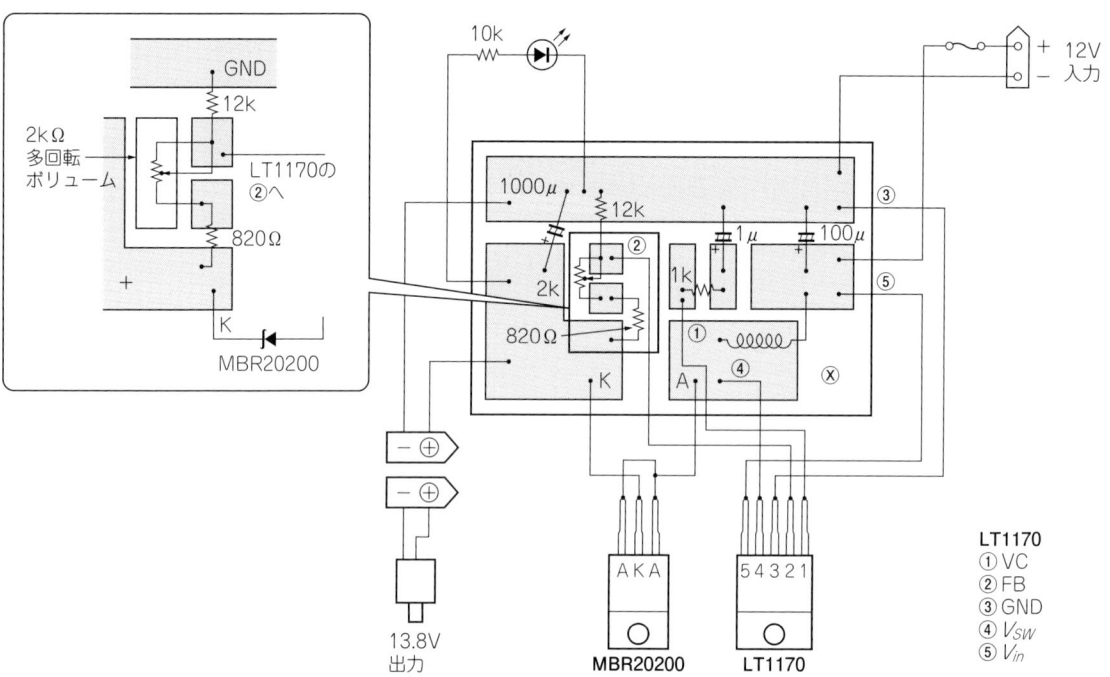

図 3-2-3　部品の配置図

写真 3-2-4　銅箔をはがした基板

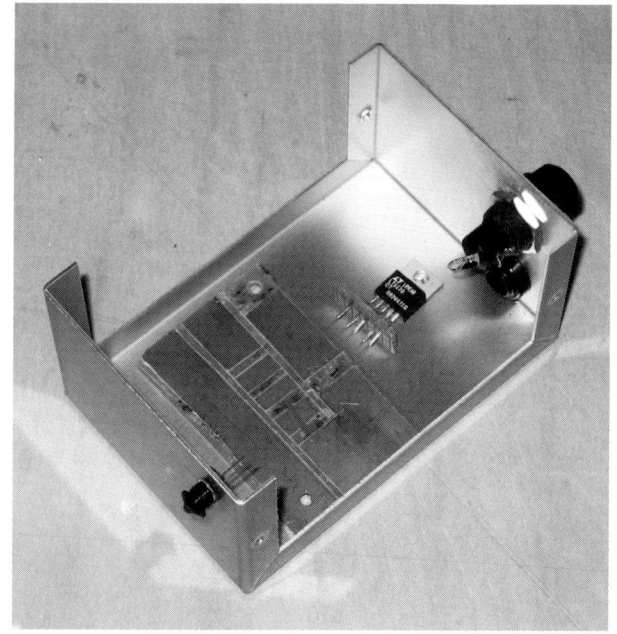

写真 3-2-5　ケース内の配置

106　移動運用をもっと楽しむための製作集

Chapter 03　電源に関する製作集

写真 3-2-6　はんだ付けを終えた基板

　でき上がったランド基板に部品をはんだ付けしていきます．最初に，電圧調整用の多回転ボリュームや抵抗，小さいコンデンサを取り付け，インダクタや電解コンデンサを取り付けます．ショットキー・バリア・ダイオードをケースに取り付けるとすぐに完成です（**写真 3-2-6**）．

　先ほどリードを付けた IC を接続して，動作試験と調整に移ります．

■ 調整

　電圧可変の電源（もしくはバッテリ）から本機に電源を供給すると，出力表示の LED が点灯します．出力電圧をテスタで確認しながら多回転ボリュームを回して電圧を調整します（**写真 3-2-7**）．

　無線機用は 13.8V，パソコン用は 16V に設定しました（パソコン用はご自身が使用する機器の電圧に合わせます）．可変電源を調節して，供給する電圧を低下させてみます．10V を大きく下回った 7V 程度でも設定した電圧を出しています．

　ここで，手持ちのシールド・バッテリにつなぎ替えました．IC に放熱器を付けていないので，電流は流さず昇圧のチェックを行います．12V の入力で 13.8V が出力されました（**写真 3-2-8**）．

　動作確認後，本機をケースに組み込みます（**写真 3-2-9**）．バッテリからのケーブルや出力ケーブルは最後に配線したほうがよいでしょう．

■ ノイズ対策

　実際の運用で使用してみましたが，7MHz SSB ではノイズの混入は感じられませんでした．V/UHF 帯の SSB や FM でも問題なく使用できています．

　ただし，機種やモードによってはノイズが入っ

写真 3-2-7　電圧の調整

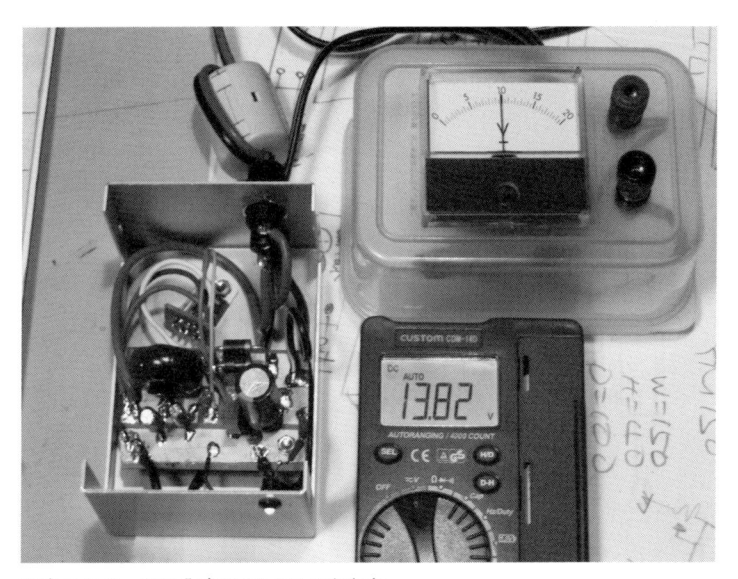

写真 3-2-8　10V 入力で 13.8V を出力中

てしまうかもしれません．その場合は，基本回路図（**図 3-2-1**）を参考にして，フィルタを挿入してみてください．

スイッチング・ノイズ対策のフィルタの入れ方は，データ・シートの基本回路を参考にしてください．

■ **電圧計付き分岐ケーブル**

無線機用とパソコン用の 2 台の昇圧電源を動かすには，二股ケーブルが必要なので，電圧計付きの分岐ケーブルを作りました（**写真 3-2-10**）．

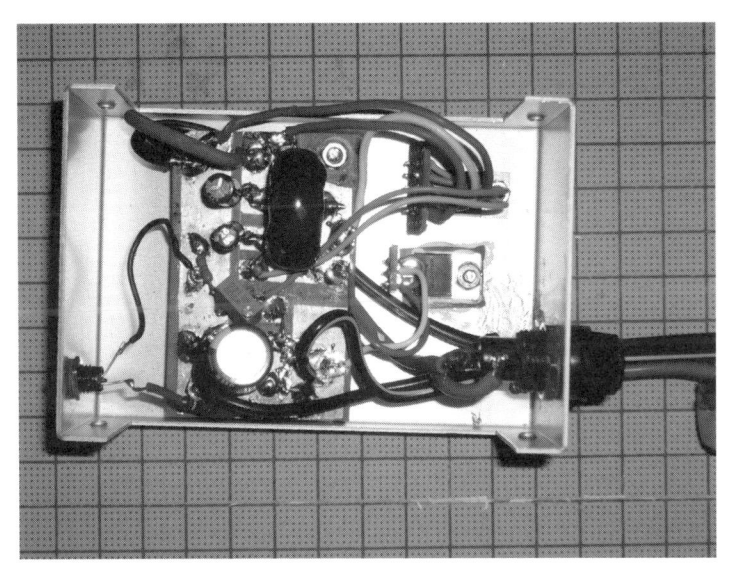

Chapter 03　電源に関する製作集

写真 3-2-9　完成した本機

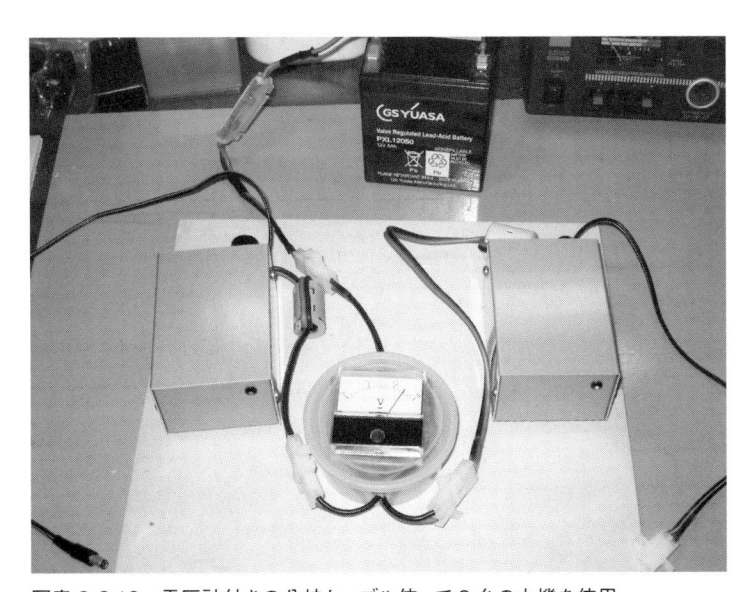

写真 3-2-10　電圧計付きの分岐ケーブル使って 2 台の本機を使用

　電源コネクタの二股でも十分ですが，アナログ電圧計を食品用のプラスチック・ケースに入れて，バッテリの電圧管理に使いました．この電圧計は秋月電子で 1,000 円で購入できます．回路は**図 3-2-4** のようになります．

電圧低下アラームなどの設置をしたほうがいいのでしょうが，送信中にちょっと電圧計を見るのも，無線をしている雰囲気が出ていいものです．

■ **上手に使おう　使用上の注意**

　最大電流は 5A までなので，出力の大きな

移動運用をもっと楽しむための製作集　｜　109

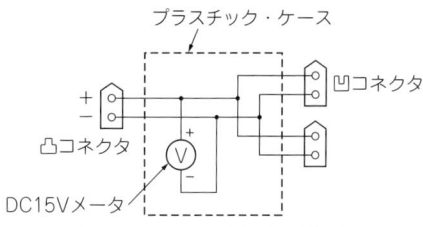

図 3-2-4　電圧計付きの分岐ケーブルの回路図

（10W 以上）トランシーバでは使えません．ハンディ機や FT-817 クラスの QRP 機が対象です．

バッテリの放電が進み 10V を下回っても 13.8V を出力しているので，バッテリの過放電に気が付かないことがあります．バッテリを再起不能にしてしまう恐れもあるので注意が必要です．バッテリが規定電圧以下になったとき，アラームを鳴らしたりリレーにより本機をシャットダウンしたりするなどの機能の追加も考えられます．今回は，このような機能を製作できませんでしたが，ぜひ追加したい機能です．

■ まとめ

　専用 IC による，シンプル昇圧電源を紹介しました．簡単な回路ですが，そこそこの電力を扱っているので，発熱もあります．またバッテリ電源をショートさせると発火などを引き起こすことも十分に考えられます．余裕を持った配線材，しっかりしたはんだ付け，適切なヒューズの挿入などの基本を守って製作し，使用してください．

　今回は電圧別に 2 台作りましたが，一つのケースに入れてまとめることも可能です．実際には 2 台同時に使用することが多いでしょうから，同一ケースに組み込んでも良いと思っています．

　本製作にかかわる事故や損失について，筆者は責任を持てませんので自己責任にてお願いいたします．また，大電流対応・高信頼性を要望の方は市販品のご利用をご検討ください．

〈JR1CCP　長塚　清　ながつか きよし〉

■ 参考文献 ■

（1）リニアテクノロジー社 LT1170 データ・シート

Chapter 03 電源に関する製作集

3-3 秋月のキットで デジタル電圧計を作る

バッテリ使用時の電圧管理は重要です．過放電はバッテリの寿命を著しく短くする恐れがあります．そうならないために，バッテリに優しい運用ができるよう，この電圧計を紹介します．

■ はじめに

移動用に使う充電池の放電管理用として，秋月電子通商から発売されている「ICL7136使用液晶表示デジタル電圧計キット(**写真3-3-1**)」を組み立てました．放電管理用とうたっても特別な機能があるわけではなく，電池の放電終止電圧を監視し，過放電を防止するものです．

小型軽量なので，使用する充電池の側面に両面テープで貼り付けておくなど，いろいろなシーンに使えます．大きな数字のデジタル表示は視認性が良く，アナログ・テスタでは読み取れない小数点以下の値も正確に読めるので，充電器の調整にも便利なのです(**写真3-3-2**)．

秋月のデジタル電圧計のキットには詳細なマニュアルが付属しているので，それに従えば問題なく完成しますが，実際にはとまどうこともあり，そのあたりを中心に解説します．詳細な機能や特徴については，キットに付属する総合マニュアルに譲ります．

今回は，移動用QRP機で使われるであろうシール鉛蓄電池やニッカド電池などの放電終止電圧監視が目的なので，分圧器をフルスケール20Vに固定して作ります．適当な切り替えスイッチを使えば，5レンジで0.2～500Vまでの直

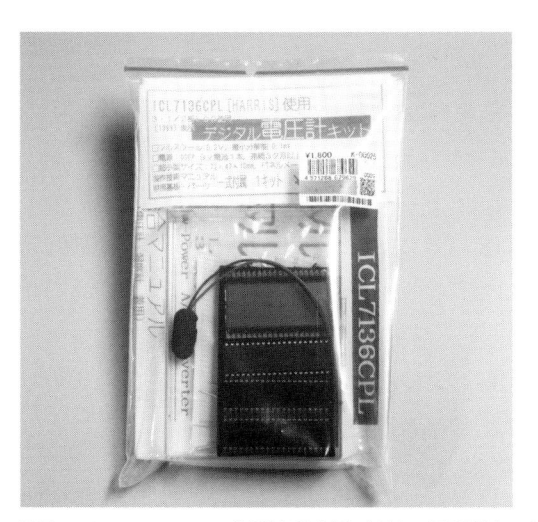

写真3-3-1 ICL7136使用液晶表示デジタル電圧計キット

ICL7136使用液晶表示デジタル電圧計キット
価格 1,800円（税込み，送料別）
通販コード [K-00025]
● キットの発売元
秋月電子通商
http://akizukidenshi.com/
TEL 03-3251-1779

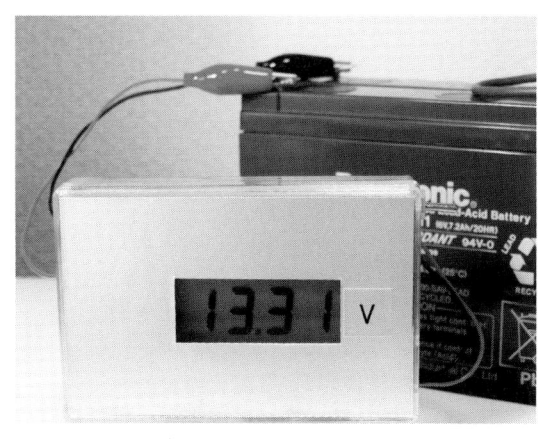

写真3-3-2 電池電圧を確認中

移動運用をもっと楽しむための製作集

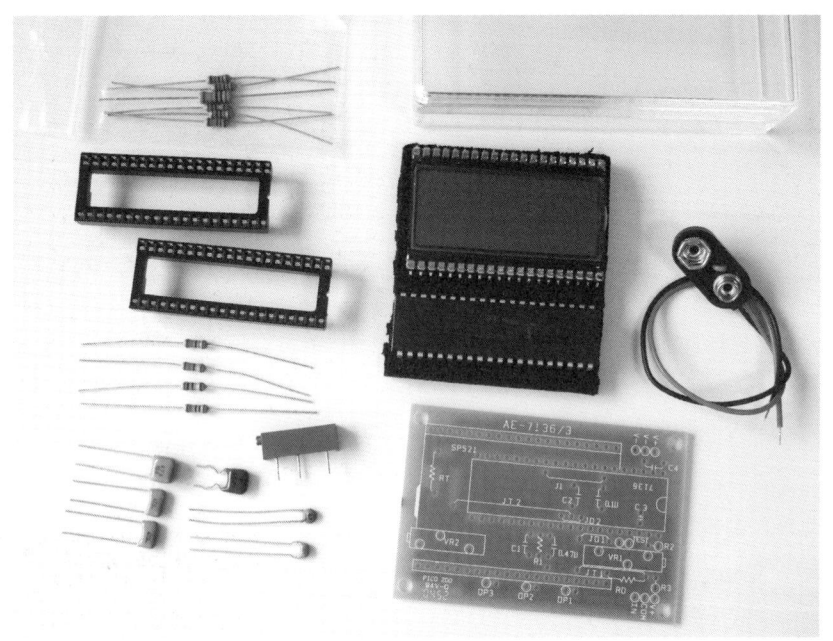

写真 3-3-3　キットの内容
組み立て前にパーツがすべてそろっているかを確認する

流電圧の測定が可能になりますが，別途耐圧に配慮した切り替えスイッチや測定端子など，安全面にも十分な注意が必要となります．

■ 部品の確認

部品の確認は意外と面倒ですが，パーツ・リストと内容物の確認は必須だと思っています（**写真 3-3-3**，**表 3-3-1**）．そのほか，この電圧計を組み立てるにあたり，用意した部品類を**表 3-3-2**に示します．

キットにはやさしく書かれたマニュアルも付属しますが，「読んで理解できない人は無理に作らなくていいよ」という雰囲気が漂っています．

・抵抗器は要注意

部品の中で，5色のカラー・コード表示がされた抵抗器は要注意です．1/4Wクラスで4色表示のものは，第一色帯が抵抗器の左いっぱいに寄っていて，コードの始まりは一目瞭然ですが，5色表示のものはコードの始まりがわからないのです．例えば，パーツ・リストに抵抗器は「茶灰黒橙金」とその値が書かれているので，金を第5色帯としてコードを読めばいいかと思いますが，第5色帯が金色ではなく茶色（1%）の表示の抵抗器が入っていることがあります（**写真 3-3-4**）．

万全を期すには，テスタで抵抗値を計り実物の抵抗器の横に計測値を書き込んだリストを作るのがベストです（**写真 3-3-5**）．

・コンデンサの見分け方

さらに，コンデンサでも迷いそうなものがあります．C_4（0.1μF）の積層コンデンサです．104と表示されている0.1μFは2個入っており（**写真 3-3-6**），一目では，積層セラミック・コンデンサとフィルム・コンデンサの区別が付きません．パーツ・リストには「積層コンデンサは小型青胴体」と注釈がついているので，小さいほ

Chapter 03 電源に関する製作集

表 3-3-1 キットの内容に含まれるもの

パーツ・リスト	数 量	用途，表示，代替品，基板表示 など
ICL7136CPL	1	3・1/2 桁 A/D コンバータ
SP521	1	3・1/2 桁 LCD ディスプレイ
40 ピン IC ソケット	2	7136，LCD 用
47pF セラミック・コンデンサ	1	C_3 （47）
0.047μF フィルム・コンデンサ	2	C_1，C_2 （473）0.047〜0.068μF
0.1μF フィルム・コンデンサ	1	（104）
0.1μF 積層セラミック・コンデンサ	1	C_4 （104）小型青色胴体
0.47μF フィルム・コンデンサ	1	（474）
10kΩ ポテンショ・メータ	1	VR_1　多回転半固定 VR（103）
180kΩ	1	R_1　（茶灰黒橙金）金属皮膜抵抗±1%（50ppm）
200kΩ	1	R_2　（赤黒黒橙金）金属皮膜抵抗±1%（50ppm）
240kΩ	1	R_3　（赤黄黒橙金）金属皮膜抵抗±1%（50ppm）
1MΩ	1	R_D　（茶黒黒黄金）金属皮膜抵抗±1%（50ppm）
AE-7136/3	1	専用ボード 47×72mm
バッテリ・スナップ	1	006P 9V 電池用
銀紙シール	1	アース用
専用基板	1	専用プリント・パターン
プラスチック・ケース	1	
分圧器セット（別袋でキットに同梱）	1	R_1 11Ω　1/4W
	1	R_2 1.1kΩ　1/4W
	1	R_3 10kΩ　1/4W
	1	R_4 100kΩ　1/4W
	1	R_5 1MΩ　1/4W
	1	R_6 10MΩ　1/2W

表 3-3-2 キットとは別に用意するもの

部品名	数 量	備考（入手先など）
トグル・スイッチ	1	電源 ON/OFF 用
熱収縮チューブ（φ7mm）	適量	63 円/1m．千石電商で入手
ワニステトロン・チューブ	適量	100 円/1m．千石電商で入手
銅板	1	ケースに入るサイズ．ホームセンターで入手
ビニル・シート	1	銅板の絶縁用．ホームセンターで入手

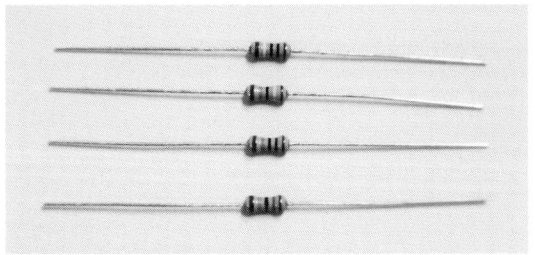

写真 3-3-4　5色表示の抵抗器
カラーコードをどちらから読めばよいかが一目ではわからないので，テスタで抵抗値を確認するのが確実

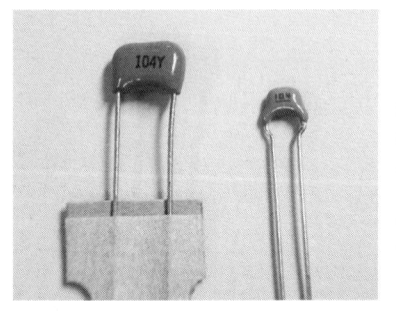

写真 3-3-6
表示が104の二つのコンデンサ
小さいほうが積層セラミック・コンデンサと判断してよい

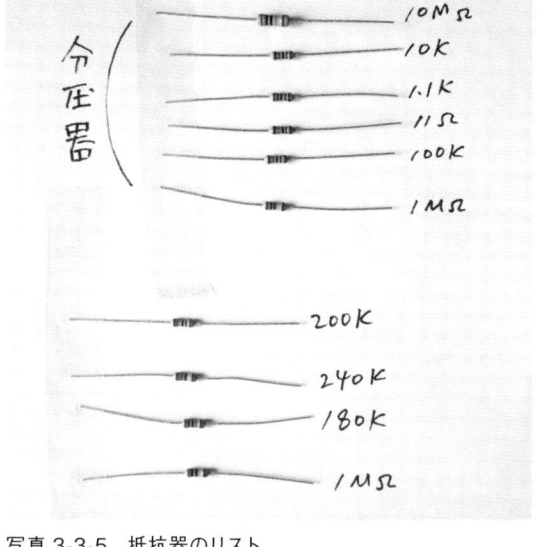

写真 3-3-5　抵抗器のリスト
あらかじめ抵抗値を書いたリストを作っておくと間違いのない作業ができる

うを選べば大丈夫です．ただし，間違うと精度が落ちるらしいので注意が必要です．

■ キットを組み立てる

・LCD用ソケットの加工

マニュアルでは，IC用とLCD用ともソケットの中桟を切り取るよう指示があります．始めから中桟がないソケットが入っていれば，その作業は不要です．ただし，LCD用は，シングル・ラインへの加工が必要です．筆者はていねいに金鋸で切り離しましたが，ニッパで切り離しても大丈夫です（**写真 3-3-7**）．

・部品を取り付ける

ジャンパ線3本の取り付け（J_1，JD_1，JD_2）は，抵抗の切れ端線などを流用します．ソケットに近接して取り付ける部品のR_DとC_3，特にC_3は取り付けに際してICソケットを配置してみて重なり具合を確認したほうがよいでしょう．

コンデンサ類はすべて寝かせた形に，抵抗器のR_2とR_3は，立てた形で実装します（**写真 3-3-8**）．IC用ソケットは最後に付けたほうが作業性がよいでしょう．

なおLCD用ソケットは，基板に対して垂直に取り付ける必要があり，はんだ付けの際には注意して作業しましょう（**写真 3-3-9**）．

このキットの場合，ICとLCDソケットだけで80か所のはんだ付けが必要なので，ホールに確実にはんだが乗ったかの確認も必要です．うまくできたつもりでも，ルーペで見ると結構不具合があるものです（**写真 3-3-10**）．

基板部分が完成したら，ソケットの切り欠けマークに合わせてICL7136を挿入します．LCDも側面の凸部分を基板の凸マークに合わせて，ていねいに挿入してください（**写真 3-3-11**）．

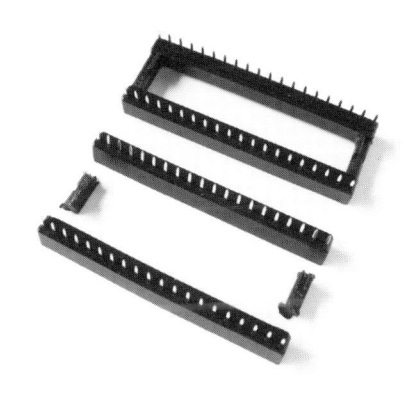

Chapter 03 電源に関する製作集

写真 3-3-7　IC ソケットの加工
手前が LCD 用に加工したもの．途中で折らないように注意

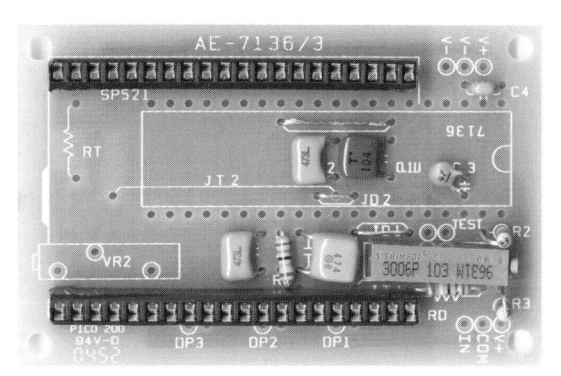

写真 3-3-8　IC 用ソケット以外を取り付けた基板
寝かせて配置する部品もあるので注意する

写真 3-3-9　IC 用ソケットを取り付けた状態
LCD ソケットは必ず垂直に取り付ける

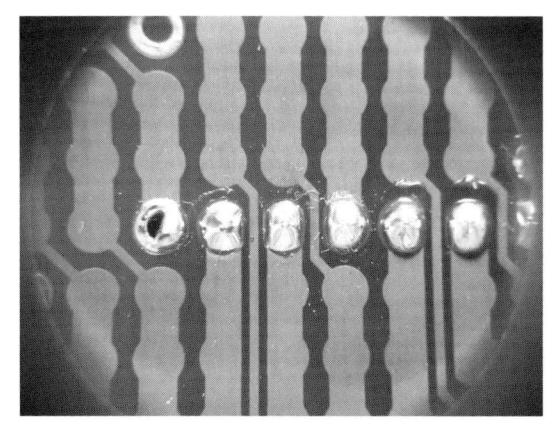

写真 3-3-10　はんだ付けの状態を確認
はんだ付け作業が多いキットなので，ミスを起こしやすい．囲みの中にはんだ不良が見える．注意深く確実に作業する

■ 分圧器を製作して内蔵させる

　完成したばかりの電圧計は，フルスケールが 0.2V です．このままでは実用性に乏しく，使い物になりません．

　そこで，別袋で同梱されている分圧器を組み込みます．説明書にはオプション扱いと書かれていますが，キットに含まれていました．

　今回はフルスケールを 20V で製作するので，それに固定した分圧器を内蔵させます．抵抗器を直列に接続し，マイナス側および途中から（100kΩと 1MΩの間）リード線を引き出しま

写真 3-3-11　LCD をソケットに取り付ける
LCD の凸部を基板の凸マーク（矢印）に合わせて挿入する

移動運用をもっと楽しむための製作集 | 115

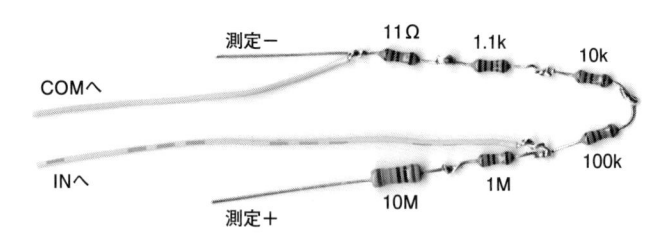

写真 3-3-12　分圧器の組み立て
抵抗器の順番を間違えないように組み立てる

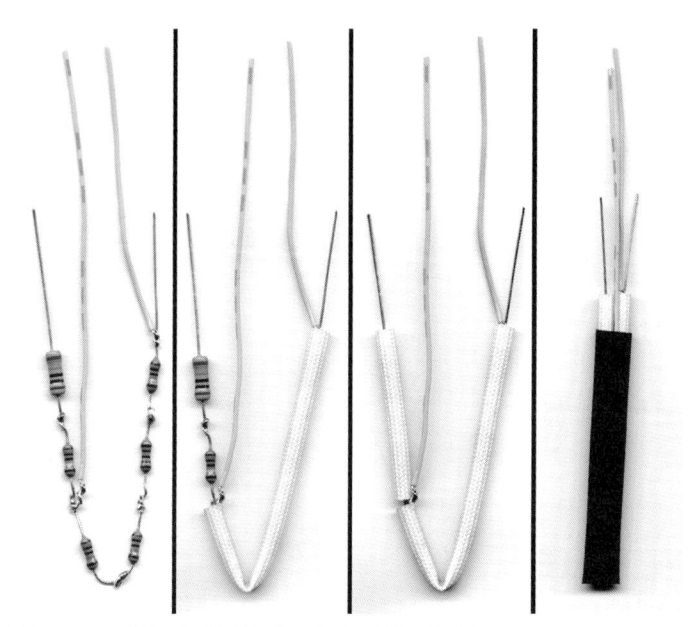

写真 3-3-13　組み立てた分圧器にカバーを取り付ける
左から順番に作業を進めていくようすを表す．熱収縮チューブは収縮させなくてもよい

す（**写真 3-3-12**）．抵抗器にはφ3mmのテフロン製チューブを被せ，全体を二つに折り，さらにφ6.5mmの熱収縮チューブで覆っています（**写真 3-3-13**）．

　分圧器を取り付けることにより，フルスケール20Vの電圧計になりますが，オリジナルのままでは小数点表示がされません．例えば，7.37Vは737Vと表示されるので使いづらいのです（**写真 3-3-14**）．そこで，基板のTEST端子からDP2間を裏面でジャンパさせて，小数点を表示させることにしました（**写真 3-3-15**）．

　完成した分圧器からのリード線は，測定用の＋と－のリード線．残りの2本は基板のINとCOMに接続します（**写真 3-3-16**）．

■ ケースへの組み込み
・ワニ口クリップと電源用トグル・スイッチの追加

　充電池の端子電圧測定が主な用途なので，測定用の端子としてケース内から引き出したリード線には，ワニ口クリップを取り付けました．電

Chapter 03　電源に関する製作集

写真 3-3-14　小数点を表示させる
オリジナルのままでは少数点を表示しないので基板に手を加えて常に表示させるようにする

写真 3-3-15　小数点を表示させるためのジャンパ線
囲みの位置にジャンパ線を取り付けて小数点を表示させる

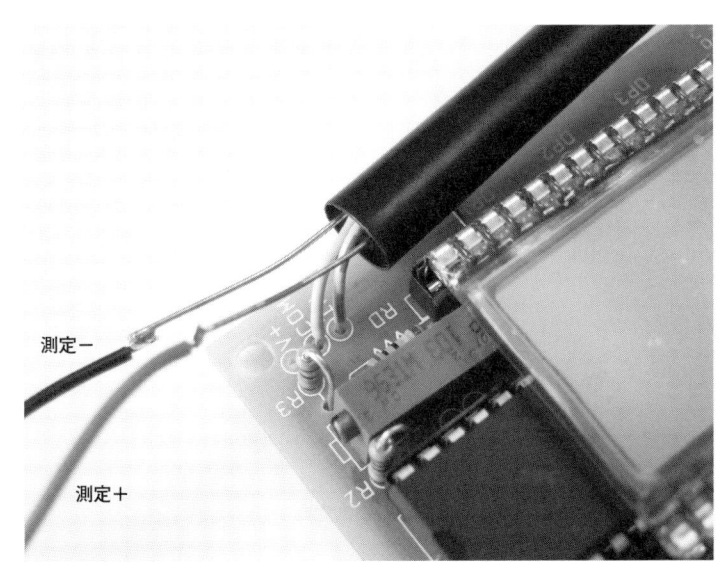

写真 3-3-16　分圧器を接続する
接続先は写真 3-3-12 をよく見て確認する

源の 006P 電池は，連続で 3 か月は使えるらしいのですが，無駄に電池を消耗させないように，小さなトグル・スイッチを追加して，電源の ON/OFF をできるようにしています（**写真 3-3-17**）．

・底面のシールド用銅板

　ケースの底面には，誘導を避けるために付属している銀紙のシールを貼り付けるようになっています．しかし，銀紙にアース線を貼り付けるのは不確実なので，同じような構造で金属部分が薄い

移動運用をもっと楽しむための製作集

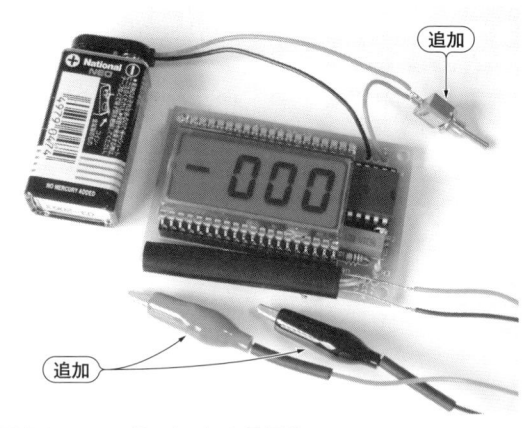

写真 3-3-17 組み上がった電圧計
電源用 ON/OFF 用のトグル・スイッチとワニ口クリップを追加

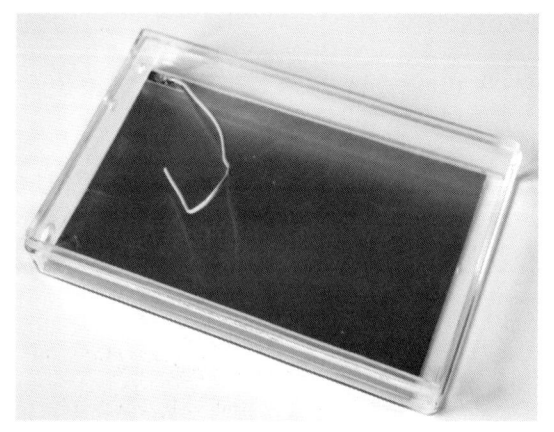

写真 3-3-18 銅のシールド板をケースに組み込む
銀紙の代わりに銅のシールド板を使う．絶縁用の薄いビニールシートを忘れずに

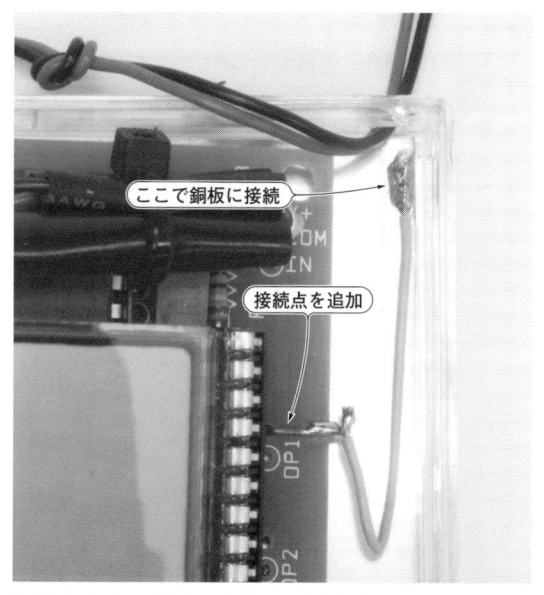

写真 3-3-19 基板と銅のシールド板を接続
DP1 のすぐ横の穴を利用して接続用のリード線を取り付ける

銅板のものをホームセンターで購入して貼り付けました．言うまでもありませんが，銅板の上には薄いビニル・シートなどの絶縁物を敷き，基板の裏面がショートしないようにします（**写真 3-3-18**）．

このシールド銅板は，基板の COM 端子に接続する必要がありますが，配線の容易さから基板表面 DP1 のすぐ右側にあるホール（COM と同電位）にφ0.6mm の銅線で接続点を作り，ここから銅板に接続しています（**写真 3-3-19**）．

ケース内への基板と 006P 電池の収容は，何の隙間もなく収まります．内容物が動くようすもないので，特に基板なども特に固定はしていません（**写真 3-3-20**）．あとは中身が飛び出さないように，ケースの側面をセロテープなどを貼り付けて完成です．

■ 調整

調整には，別途デジタル・ボルト・メータを用意する必要があります．ICL7136 の 35 ピンと 36 ピン間が 100mV になるよう VR_1 を調整するようにと書かれています．しかし，筆者の場合は手元にあった 1.2V のニッカド充電池（これは単 3 の 1.5V でもよい）に既製のメータと自作のメータを接続し両者の表示が同じになるよう VR_1 を調整しました（**写真 3-3-21**）．VR_1 はケースに収容され状態で調整ができるよう側面に小さな穴を空けています（**写真 3-3-22**）．

厳密にはわずかに誤差が増えるかもしれません

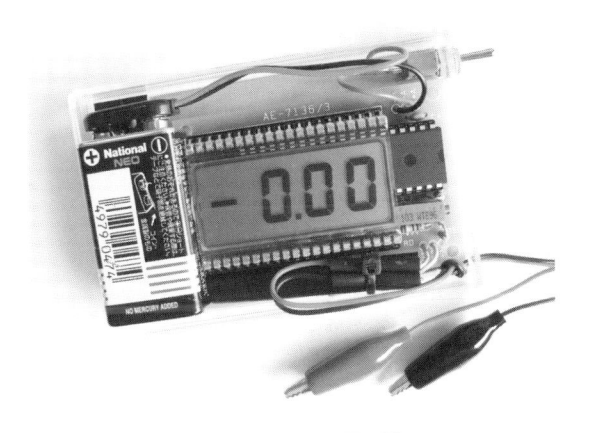

Chapter 03 電源に関する製作集

写真 3-3-20 ケースに組み込んだ電圧計
基板や電池の固定が不要なほど隙間なく収まっている

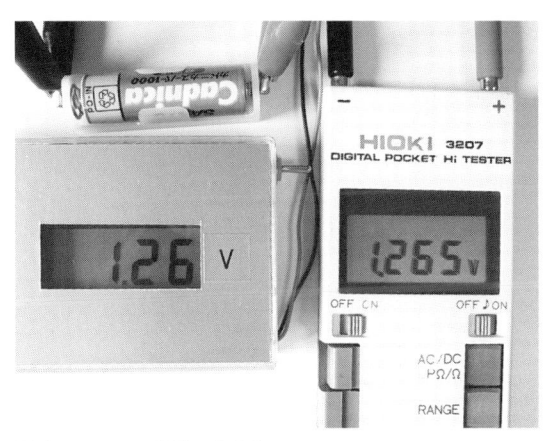

写真 3-3-21 調整のもよう
単3ニカド電池をデジタル・ボルト・メータと一緒に接続して調整を行った

写真 3-3-22 ケース側面にある電圧調整用の穴
調整時しやすいように側面に穴をあけている

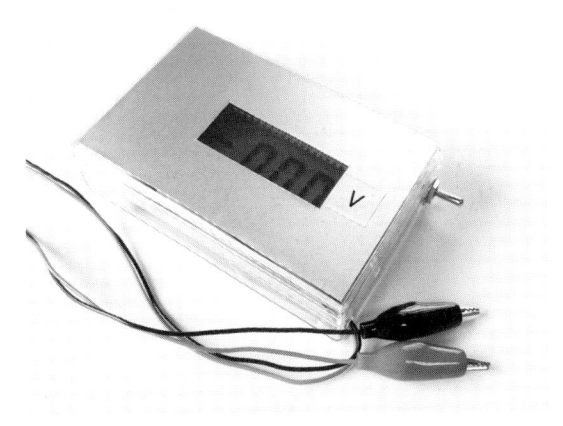

写真 3-3-23 完成したデジタル電圧計
パネルに貼り付けた銀紙が雰囲気を変えてくれている

が，調整の容易さでこちらを選びました．調整後は，テープで穴を塞いでいます．

マニュアルには水銀電池から基準電圧を作り校正する方法も書かれているので，既製のデジタル・ボルト・メータを用意できない場合は，この方法で調整が行えます．

■ おわりに

製作した電圧計は，何のトラブルもなく快調に動作しています．付属の銀紙シールは使わなかったので，LCDの表示サイズに合わせて切り抜き前面パネルに貼り付けてみました．中身がスケスケのものに比べると，銀紙シールが貼られると少し雰囲気が変わります（**写真 3-3-23**）．

移動運用などで充電池の放電管理は重要なことなのですが，アナログ・メータとは異なり，表示が大きく読みやすいので重宝しています．

〈JA3AAD　渡辺 泰弘　わたなべ やすひろ〉

Chapter 04

車を有効に使うための製作集

4-1 モービル局の電源配線
ACC連動でバッテリ上がりを防ぐ

車載バッテリから直接電源を取る際，誤ってバッテリ上がりを起こしてしまわないように，メイン・キーを抜けば電源がストップするようにした電源配線の例を紹介します．

■ 車載バッテリから電源を取る

車を使用した運用は，お手軽移動運用やコンテスト，JCC/JCG サービスなどを目的とした移動運用シーンでとても便利な方法です．本格的に発電機を設営したり，無線機専用のバッテリを持参することで対応も可能ですが，常々メインテナンスも必要で，面倒だと思われている方も少なくないと思います．

車載バッテリを使えば，メインテナンスの手間が不要で電源が取り出せます．ただし，エンジンを止めた状態で使用し続けるとバッテリ上がりを起こしてしまう危険があります．そこで今回製作するシステムの出番です．

■ 電源の取り方について

電源の取り方で最も手軽なのは，シガー型DCプラグを使用してシガー・ソケットから取り出す方法です（**写真4-1-1**）．簡単な半面，取り出せる電流は多く見積もっても5～6A以程度です．

シガー・ソケットがつながっている車内のヒューズ・ボックスには，15Aのものが収められていることが多いようですが，取り出せる電流容量ではないと考えたほうがよいでしょう．

シガー・ソケットから電源を取り出すと「接触不良が発生しやすい」「多くの電流を取り出すと電圧低下が発生する」「シガー・プラグが熱くなる」といった危険が考えられます．

シガー・ソケットからの電源で安心して使用できるのは，V/UHF帯のハンディ機やFT-817などのQRP機などでしょう．手軽に移動運用を

写真4-1-1　シガー・ソケットから電源を供給

Chapter 04　車を有効に使うための製作集

楽しみたいときにはお勧めの方法です．

以前，モービル機の電源をシガー・ソケットから取って，FMモードで20W運用をしたことがあります．このとき，シガー・プラグがかなり熱くなってしまったので，注意が必要です．

■ 車載バッテリから直接電源を取る

それでは，安心して電源を取り出すためにはどのような方法があるでしょうか．ここでその一例を紹介します．車内から50Wで運用できるよう，取り出せる電流は20Aを目標としました．

概要は，エンジン・ルーム内のバッテリから，室内に無線機用の電源ケーブルを引き込み，エンジン・キーと連動してリレーを動作させ，無線機に電源を供給するものです．**図4-1-1**に今回の構成内容を示します．それでは順を追って作業手順を説明します．

① 電源ケーブルをエンジン・ルームから車内に通す

エンジン・ルームから車内へのケーブル通線が，今回の作業での最大の難関ではないかと思います．エンジン・ルームをくまなくのぞいても，車内へ電線を通す場所は容易に見つからないのが現状です．「グロメット」と呼ばれる，ゴムのふたが見つかりますが，すでに通っている配線やパイプがあり「沿わせて大丈夫？」「車内側のどこに出てくるのやら？」と，わからないことばかりです．通線が原因で，車が動かなくなってしまっては大変です．

筆者もかなり悩んでしまい，最終的には，カー・ディーラーのエンジニアに相談しました．hi. 幸いにも，定期点検や車検のときに通線作業を一緒にしてくれるとの回答をもらいました．

このときに，次に説明する「アクセサリ系統からの電源取り出し」もあわせてお願いしてしまいました．安直な方法ですが，安全確実な方法としての選択肢の一つでしょう．

この通線ができれば，今回の作業のハードルは大きく下がります．点検予定日までにケーブルを準備し，通線をしてもらいました．

電源ケーブルには，エンジン・ルームのバッテリ側には必ずヒューズを挿入してください（**写真4-1-2**）．車内への引き込み部分で，電線の被覆が傷ついたりした際のショートに対しての対策です．最悪の場合，電線に大電流が流れ，火災発生の危険もあります．

バッテリの＋−の端子への接続は，室内側の配

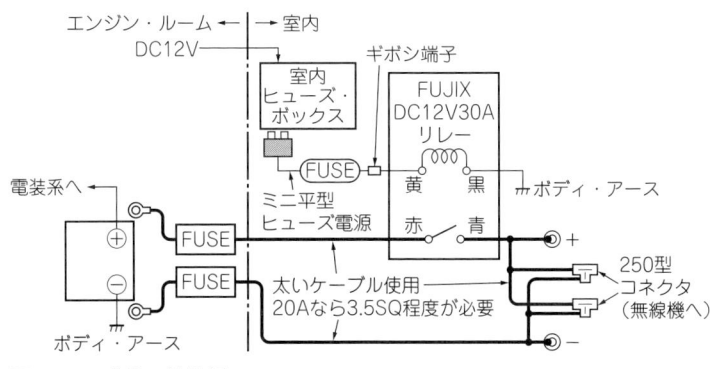

図4-1-1　全体の接続図

移動運用をもっと楽しむための製作集

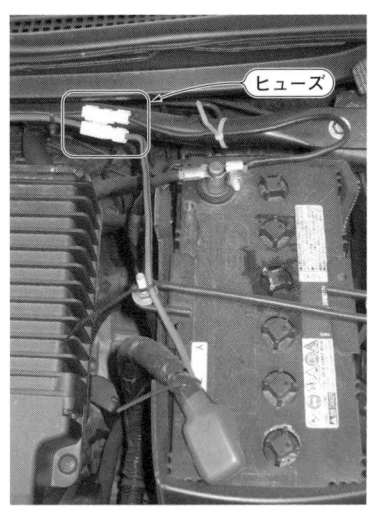

写真 4-1-2 バッテリの近くには必ずヒューズを挿入

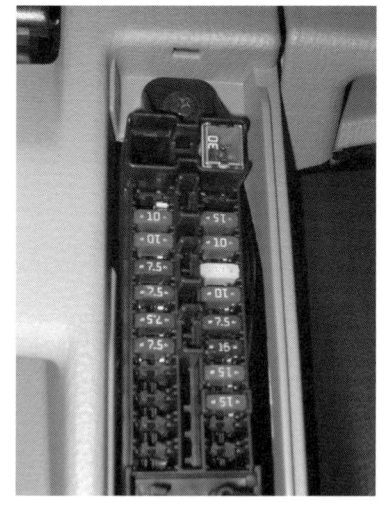

写真 4-1-3 運転席横にあるヒューズ・ボックス（左）

写真 4-1-4 主に使われているヒューズ
左からミニ平型ヒューズ，低背ヒューズ，平型ヒューズ

線が完了してからになります．ケーブル端末の圧着端子の処理まで行い，ビニル・テープでテーピングしておきます．

② **アクセサリ系統から電源を取り出す**

　エンジン・キーを回して ACC または ON の位置に合わせたときに，リレーを使って主電源がつながるようにするため，制御用の電源を取り出します．カー・ディーラーで ACC 系統の電源を取り出してもらえればこの作業は必要ありませんが，便利なカー用品が販売されているので，紹介も兼ねてトライしてみました．

　どうして，ACC 系統の電源が必要かというと，次のような理由からです．バッテリに直接通線された無線機は，常時運用が可能です．しかし，無線機の電源を切り忘れて車から離れてしまうと，そのうちバッテリが上がってしまいます．このような事態を避けるために，リレーを使ってエンジン・キーが ACC または ON の位置で電源がつながるようにするのです．

　ACC 系統の電源は，車内のヒューズ・ボックス（**写真 4-1-3**）から取り出します．ヒューズは主に「平型ヒューズ」「ミニ平型ヒューズ」「低背ヒューズ」の 3 種類がありますが（**写真 4-1-4**），この車には「ミニ平型ヒューズ」が付いていました．

　エンジン・キーを ACC 位置に合わせ，ヒューズ・ボックス内から電源（＋12V）が出力される電源系統を探します．そこから「ミニ平型ヒューズ電源（**写真 4-1-5**）」というパーツで分岐して電源を取り出してリレーを制御します．

　使用されているヒューズに合わせて「平型ヒューズ電源」「低背ヒューズ電源」という商品

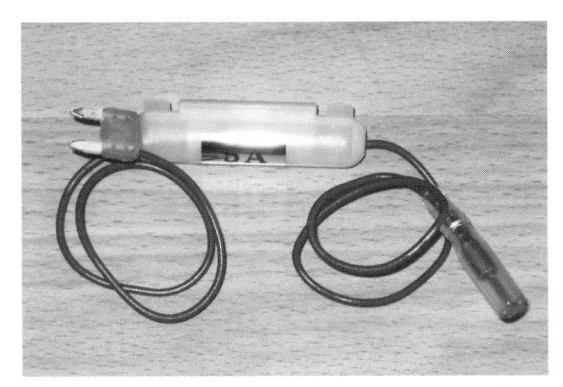

Chapter 04　車を有効に使うための製作集

写真 4-1-5　ヒューズ・ボックスから電源を取るための「ミニ平型ヒューズ電源」

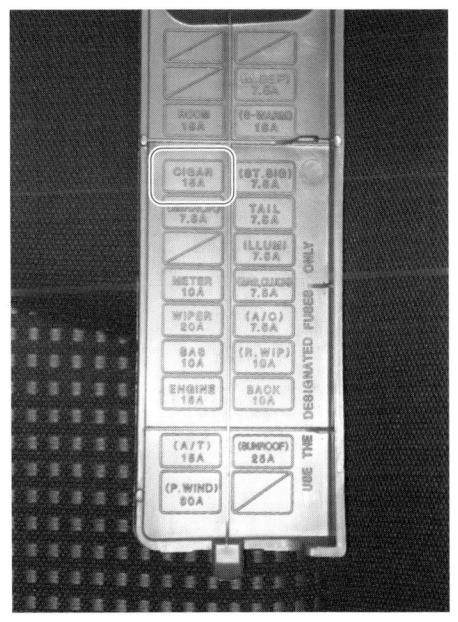

写真 4-1-6　ヒューズ・ボックスのフタ
どの位置にどの系統のヒューズが配置されているかが示されている．ここでは「CIGAR」を選択

　もラインナップされています．これらは，ホームセンターやカー用品店で販売されていて，値段も500円前後と手軽に購入できます．

　車内のヒューズ・ボックスを開けるとヒューズが並んでおり，それぞれが担当する電気・電子機器の名称が表記されています（**写真 4-1-6**）．取り出した電源系統のショートや過電流でヒューズが切れないようにすることはもちろんですが，もし切れても車の走行に影響を与えない系統のヒューズを探します．安全候補の筆頭は「CIGAR」です．このヒューズが切れても，シガー・ソケットが使えなくなるだけなので，走行には影響しません．そこで，この系統を利用することにします．

　まず，この「CIGAR」のヒューズを探し，電流容量を確認したうえ，同じ容量のヒューズが付いているミニ平型ヒューズ電源を用意します．

　次にヒューズを引き抜き，ヒューズ・ソケットのどちら側にバッテリ電圧が出るかをチェックします．ヒューズは，ヒューズ・ボックス内に備えられている専用の取り外し工具を使えば，簡単に取り外せます．

　テスタのマイナス側は，ボディの金属部分に接続しておき，テスタのプラス側のピンを，先ほど外したヒューズ・ホルダにタッチさせながらエンジン・キーをACC位置にします．そして，＋12V程度の電圧がどちら側に出るかを確認します（**写真 4-1-7**）．

　ここに，ミニ平型ヒューズ電源のヒューズ部分を接続します．分岐用のケーブルが出ている側を，ACC位置で＋12Vが出た側に接続します（**写真 4-1-8**）．この接続の概略を**図 4-1-2**に示します．

　再度，ACC位置で＋12V，OFF位置で0Vとなることを確認してください．引き出したケーブルを結束バンドなどで固定し，ヒューズ・ボックスのカバーを閉め，ACC連動電源線の取り出しの完了です．

　ただし，海外の車や一部の国産車には，エンジン・キー位置にかかわらず車内のシガー・ライ

移動運用をもっと楽しむための製作集　|　123

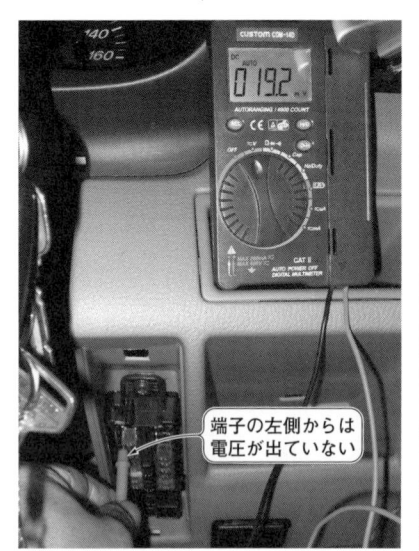

写真 4-1-7　ヒューズ・ソケットのどちらに電圧がきているかを確認
ソケットの左側には電圧がきていない（写真左），ソケットの右側に電圧がきている（写真右）

写真 4-1-8　ヒューズ・ソケットに「ミニ平型ヒューズ電源」を接続
挿入する向きに注意．電線が付いているほうを右側にする

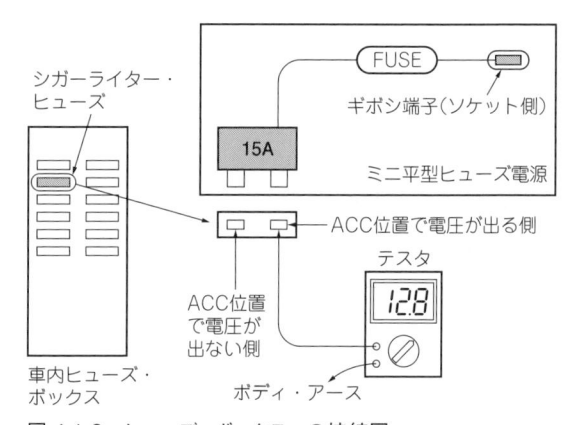

図 4-1-2　ヒューズ・ボックスへの接続図

ター・ヒューズに，常時電圧が出ている車種もあるようです．その際にはカー・ディーラーのエンジニアに相談・確認してください．

③ リレー・ボックスを作る

電源の ON/OFF を行うリレー本体は，「ミニ平型ヒューズ電源」と同様にホームセンターやカー用品店で購入できます．

今回使用したのは 1 系統の ON/OFF 用で，接点容量が 30A のリレーです．いくつかのメーカー（エーモン，フジックスなど）がありますが，どれでも使えます．筆者はフジックス社のリレーを使用しました（**写真 4-1-9**）．

コイル側は黄・黒，接点側は赤・青です．**図**

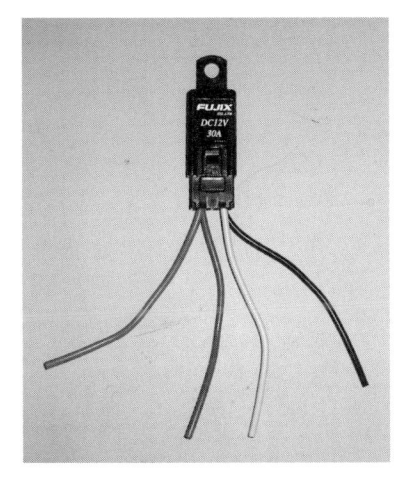

Chapter 04　車を有効に使うための製作集

写真 4-1-9
電源の ON/OFF に使用する FUJIX 製リレー

図 4-1-3　リレー・ボックス

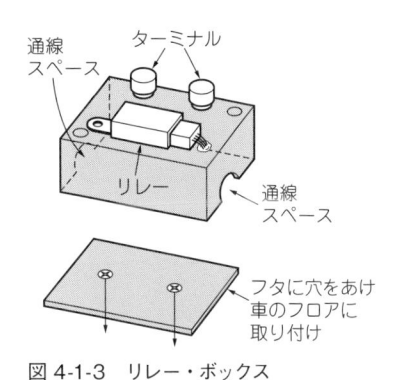

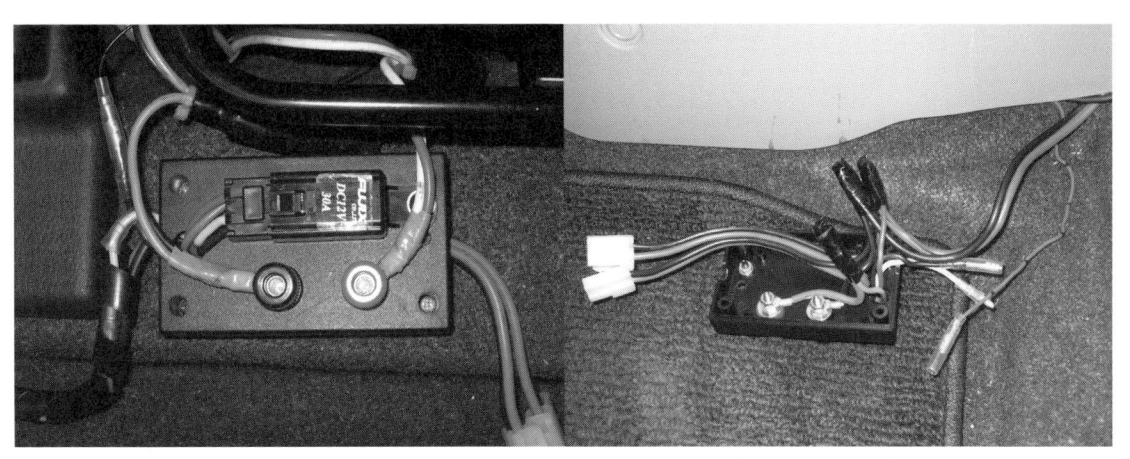

写真 4-1-10　リレーをボックスに固定する（写真左）．配線の接続部分はボックス内に収納（写真右）

4-1-1 の接続図での色の表記はフジックス社のリレーのものなので，配線はリレー付属の説明書で確認してください．

　リレーを室内に転がしておくと，ショートの危険があるので，小型のプラスチック・ケースに収めます．同時に，無線機用のDCケーブル接続ターミナルや，共通の電源ソケットを配線し，接続箇所をボックスの中に収めます（**写真 4-1-10**，**図 4-1-3**）．この際に，固定する場所と方法を決めておきます．筆者はこのリレー・ボックスを助手席下にタッピング・ビスで固定しました．

④ リレー・ボックスの接続

　いよいよ，全体の接続を行います．あらためて全体の接続図（**図 4-1-1**）をご覧ください．簡単な配線ですが，大電流が流れる部分は太いケーブル（3.5SQ 程度）を使用し，サイズが適合した圧着スリーブを使用して，確実に接続し絶縁してください．圧着が弱いと，接触抵抗分で発熱し発火の危険もあります．

　リレーのコイルに流れる電流は約 100mA ほどなので，こちらは細めの電線で十分です．リレー・コイルのプラス側にギボシ端子のプラグを

移動運用をもっと楽しむための製作集　｜　125

取り付け，先ほどのACC系統電源ケーブルのギボシ・ソケットに差し込みます．マイナス側にはクワ型端子を取付け，ボディ・アースします．筆者の場合は，助手席下のカーナビ機器の固定ネジに共締めしました．

⑤ **動作確認と無線機との接続**

リレー・ボックスに接続したあと，ボックスを車体にネジ止めして完成です．一息入れてから，配線にミスがないことを確認しましょう．

確認後，エンジン・ルームのバッテリに，電源ケーブルを接続します．このとき，バッテリ・ターミナルの取り外しと取り付けには順序があるので，必ず守ってください！

「**鉄則！ バッテリ交換は，取り外しはマイナス側から，取り付けはプラス側から**」

① マイナス端子のねじを外す．
② プラス端子のケーブルを外す．
③ 今回配線したプラス側と合わせて接続する．
④ マイナス側の配線を接続する．バッテリの端子のカバーをかけて完了．

これは，バッテリのマイナス側がボディにつながっていると，プラス側を回す作業中に工具がボディに接触すると，スパークが出て火災につながることもあるからです．このような事故を未然に防止するために，作業の順番は必ず守ってください．

配線に誤りがなければ，エンジン・キーをACCの位置に回します．リレーが「カチン」と音を立てて動作しましたか？電源端子にテスタを当てて＋12V程度が出ていることを確認します．また，OFFにすると，0VになればOKです．

最後に無線機の電源ケーブルを接続して，作業完了です（**写真4-1-11**）．これで，車から

写真4-1-11　車に設置したリレー・ボックス

50W程度の出力での運用が可能です．

バッテリをいったん外しているので，車種によっては時計の設定やラジオのプリセットなどが消えてしまうことがあります．その際は再設定が必要です．

■ **メインテナンスに気を使う**

今回の電源取り出しにより，無線機の定格電圧に近い13.0V程度の電圧が供給されるので，安定した出力が期待できます．しかし，車のバッテリにとっては負担増となるので，従来に増してバッテリのメインテナンスには気を使うことが必要です．

以上，無線機用の電源配線の方法を，筆者の例を元に説明させていただきましたが，動作の保障，車および無線機のリスクを保障するものではありません，あくまでも，読者の皆様の自己責任にて作業を実施していただきたいと思います．

〈JR1CCP　長塚　清　ながつか　きよし〉

■ **参考文献** ■

(1) 特集モービル局の作り方，CQ ham radio 2006年11月号，CQ出版社．

Chapter 04　車を有効に使うための製作集

移動運用や非常時に役立つ
4-2　サブバッテリ・システムの構築

　車で出掛けた場所が運用地という「お手軽移動運用」に便利で，しかも非常時の電源として宅内でも活用可能な，サブバッテリ・システムの構築例を紹介します．

■ サブバッテリ・システム

　クルマにモービル機をセッティングする場合，電源の配線はクルマのバッテリから直接配線するのが普通です．しかし最近は，そうもいかないようです．

　最近の車はエンジン・ルームから車室内への配線が難しくなっています．乗車空間や荷室を広く確保するためか，エンジン・ルームの中は補機類が詰め込まれ，手が入る隙間がありません．筆者の場合，車室内の内装部品をあちこち外さないと配線すらできない状態でした．

　さらに，HFでQRVしようとしても，車から出るノイズに悩まされることが珍しくありません．かといって，エンジンを止めて運用するのは限界があります．

　このような逆境の中，サブバッテリ・システムを構築するのも一つの解決策と考えました．

　エンジン・ルーム内には触らず，バッテリを家に持ち込んで充電したり非常時に使えたり，というメリットもあります．

■ バッテリを単純に並列につないだだけではNG

　サブバッテリというと，キャンピング車に搭載されている大型の物を連想される方も多いと思います．

　大容量のサブバッテリを安全に充電するには，一般的にアイソレータ（メイン・バッテリとサブバッテリの分離回路）が必要になります．

　車のバッテリの容量を増やすために，バッテリを単純に並列接続することはできません．同型・同容量のバッテリであっても劣化の度合いなどにより，端子電圧や内部抵抗が異なり，均一に充電されなかったり，劣化したバッテリが新しいバッテリを道連れにして劣化させる場合もあります．サブバッテリを搭載した場合はそれぞれが適切に充放電されるようにしなければなりません．

　サブバッテリを充電するための時間も重要です．走行中に充電されますが，十分な充電時間がないとバッテリは満充電になりません．例えば，移動運用でサブバッテリを使い果たしたあと，満充電まで10時間必要なところ，3時間で帰宅すれば，7時間分不足となります．

　普段の使用でこれが補えればよいのですが，車の使用頻度が低くて，慢性的な充電不足が続いているようでは本末転倒．しかも，その状態で長時間放置すると劣化が進みます．ならば，短時間で充電を完了させようと，必要以上に急速充電しても劣化を早めます．

　今回のサブバッテリ・システムは，エンジンを止めたままモービル機を数時間動かせばよいことにして，日曜工作程度で実用的な物が構築できるようにしました．

　しかも，持ち運びができるように組めば，宅内で充電できるうえにいざというときの非常用電源としても活用ができます．

写真 4-2-1　荷室の DC コンセント

写真 4-2-2　DC12V を AC100V に変換する DC-AC インバータ

写真 4-2-3　荷室の AC コンセント

源を取るタイプの AC インバータ（**写真 4-2-2**）と無線機用の電源，自作の充電回路を使用したシステムを構築しました．

標準で AC コンセント（**写真 4-2-3**）のある車両はそれも活用できます．

■ **無線機用安定化電源を使用したサブバッテリ・システムの製作**

無線機用の安定化電源を使った場合のサブバッテリ・システム（バッテリ充電回路）を**図 4-2-1** に，組み上げ例を**写真 4-2-4**，**写真 4-2-5** に示します．

安定化電源の出力電圧は 13.8V（13.68V）に合わせます．出力電圧が固定できる機能があれば活用します（**写真 4-2-6**）．

■ **電流制限抵抗の値**

図 4-2-1 の抵抗 R は充電電流制限用の抵抗です．これにより最大充電電流が決まり，充電が進むに従い電流が抑えられます．バッテリの容量と電源の容量に合わせて決定します．

一般的な 12V バッテリを使用する場合の抵抗値を計算してみます．

■ **サブバッテリの慢性的な充電不足を解決するために**

以前所有していた車では，メイン・バッテリに直結したラインをアクセサリ電源に連動したリレーを使ってサブバッテリと切り離し，充電のために電流制御用の抵抗器を 1 本使っただけの単純なものでした．

しかし，エンジンの回転数がアイドリングの状態では，端子電圧が低く十分な充電電圧が確保できず，慢性的な充電不足に陥ります．これらを解決するため，DC ソケット（**写真 4-2-1**）から電

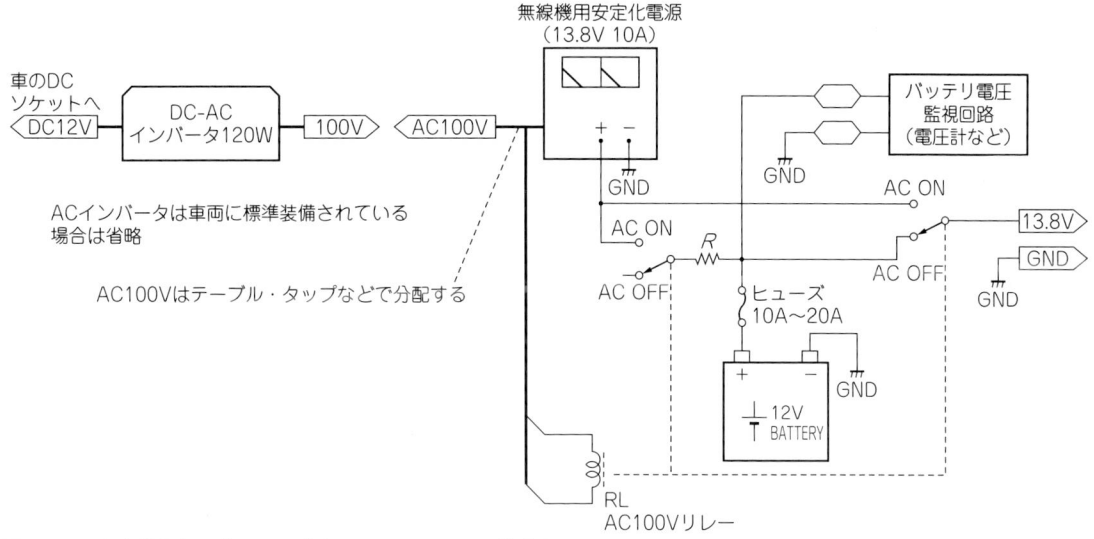

Chapter 04 車を有効に使うための製作集

図 4-2-1 安定化電源を使ったサブバッテリ・システムの構成図

写真 4-2-4 図1の抵抗器とリレーをケース内におさめたようす

写真 4-2-5 サブバッテリと無線用安定化電源を接続したようす

　最高端子電圧 13.8V≒14V，放電終止電圧 10.7V≒11V とした場合，放電終止時の電圧差 14V－11V＝3V，抵抗 R＝電圧 V／電流 I なので，最大充電電流を 6A とするなら，抵抗 R＝3V/6A＝0.5Ω，電力 P＝電圧 V×電流 I＝3V×6A＝18W となります．

　よって，抵抗器は 0.5Ω，18W 以上の物にしました．**写真 4-2-7** は実際に使った抵抗器（0.5Ω，30W）とリレーです．

　リレーは，エンジンをオフにしたときにバッテリを安定化電源と切り離し，無線機をバッテリ端子に接続するためのものです．接点容量の大きな，AC100V 駆動のリレーを使っています．

　このように面倒な方法を採用するのは，電流制限抵抗を介して充電するバッテリ端子に無線機をそのまま接続し，無線機を ON にすると，無線

写真 4-2-6　無線機器用安定化電源の電圧固定スイッチの例（アルインコ DM-330MV）

写真 4-2-7　巻き線抵抗器（0.5Ω 30W）とリレー

機で使用する電流分だけ電圧が降下し，満充電ができなくなるためです．

■ 製作上の注意

　充電時に抵抗器が発熱するので，ほかの配線に触れないように注意します．巻き線抵抗器は，専用の取り付け金具があります．リレーも専用のソケットを使用すると配線がしやすくなるうえに，木材などにも木ネジで止められるので便利です．

　配線には，要所に絶縁チューブを使い，短絡事故が起こらないようにしてください．リレーにはAC100Vを使っていますから，感電にも要注意です．

　市販のケースに組む場合は，放熱のために通気孔の多くあいた**写真 4-2-4** に見えるようなケースを選びます．筆者はリードのDC-1050Aを使っています．

　一般的にDCソケットから供給可能な電流は10A程度です．また，ACインバータも車載バッテリ直結型以外は，120W程度となります．このことから，無線機用の電源を使う場合，使用する無線機は20W機までが無難です．

ハイブリッド車など，標準装備のACコンセント容量が大きな車種の場合は，50W機との組み合わせもできると思います．

■ 秋月電子通商の鉛蓄電池充電器キットを使ったサブバッテリ・システム

　筆者の車では，DCソケットなどの容量の制約から，前述の方法では20W機の利用まででした．しかし50W機も使えるように，バッテリを積極的に使い，受信時に充電した電力を送信時に使用することができるようにしました．回路を**図 4-2-2** に，車への設置のようすを**写真 4-2-8** に示します．

　構成は秋月電子通商で販売されている19V 3A程度のスイッチングACアダプタと「鉛蓄電池充電器パーツ・キット」を利用しています．このキットの特徴は「定電圧」と「定電流」にあります．

　これは，バッテリの端子電圧が低く，大きな充電電流が流れてしまう場合は電圧を下げ，一定以上の電流にならないように充電します．そしてバッテリの端子電圧が高くなり，電流が流れにく

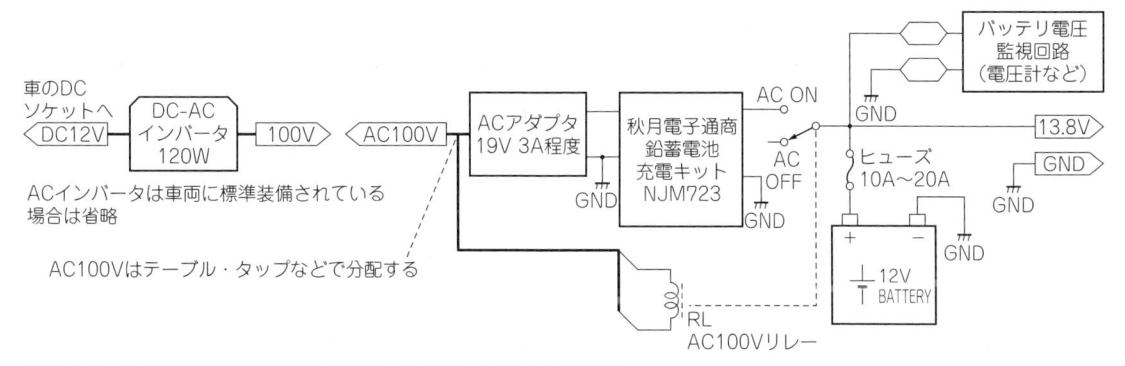

図 4-2-2　秋月電子の鉛蓄電池充電器キットを使った場合の構成例

写真 4-2-8　筆者はリア側の収納スペースに各ユニットとサブバッテリを収納している

くなると一定の電圧を供給します．

　ある一定の電流までは定電圧（13.8V）が供給されるので，トランシーバをサブバッテリ端子に直接つなぎ，受信のために使う程度の電流であれば，ちゃんと充電してくれます．この装置でも，AC 電源が OFF になった場合に，充電器とバッテリを切り離すためのリレーを使用しています．

■ それぞれの使用感

　筆者の車はハイブリッド車なので，エンジン・システムを起動させた状態で受信した場合，HF には強いノイズが混入してしまいます．

　走行しながら HF 帯で QRV するのは厳しいものの，エンジンを止めてサブバッテリを利用すれば問題ありません．もちろん，車両側のバッテリ上がりのストレスからも解放されます．

無線機用の電源を使ったサブバッテリ・システムは，13.8Vが供給できる無線機用の電源と抵抗，リレーのみでカンタンに構築できます．

　一方，秋月電子通商のACアダプタと鉛蓄電池充電器パーツ・キットで構成した場合は，受信と送信の割合により，充電が追いつかなくなる場合がありますが，走行時の受信している時間が長いようなら問題ないと思います．

■ 非常用電源システムに応用する

　バッテリと充電システム，ACインバータを一組にまとめて持ち運びできるようにしておくと便利です（**写真4-2-9**）．

　普段は車のDCソケットからACインバータでAC100Vを作り出し，安定化電源を使った充電システムで，DC13.8Vをバッテリと無線機に供給し，サブバッテリ・システムを動作させます．

　非常時はサブバッテリでカー用品を使用したり，ACインバータをつないで家電製品を使うこともできます．もちろん充電は家庭のコンセントからもOKです．

■ バッテリ（鉛蓄電池）の注意点

・バッテリの過放電に注意

　エンジン停止状態でサブバッテリを使う場合は，過放電に注意してください．鉛蓄電池の場合，完全に使い切るまで放電すると極端に寿命が縮まるので，市販の電圧計で電圧を監視しながら運用します．端子電圧がある程度下がるとアラームが鳴るような回路を設ける方法もありますが，ここでは用意していません．

・バッテリの選定

　無線機用のサブバッテリとして手頃なのは，20～30Ahの容量の密閉型のシールド・バッテリ（**写真4-2-10**）です．

　通常の使用状態では，充電時にガスを外に出さ

写真4-2-9　システムをラックに収納
普段は無線運用のためのサブバッテリ・システムだが，いざというときには家電も使える非常用電源になる

写真4-2-10　シールド・バッテリの例
12V 7.2Ah（上）と12V 28Ah（下），いずれも秋月電子通商で購入したもの

ず，万が一転倒しても電解液の漏れはほとんどないので，換気にも神経質にならずにすみます．ただし，後述する開放型と比べると急速充電には弱いといえます．

次に候補としてあがるのが，容量の割に安価な小型乗用車用のバッテリ（**写真4-2-11**）です．最近はシールドされたもの，無補水型などが増えてきています．標準的なバッテリは開放型で，発生したガスを逃がすプラグ「液栓（液補充のフタを兼ねている）」があります．

充電時に発生した水素と酸素がこのプラグから排出されるほか，転倒させると電解液が漏れますが，急速充電をできるメリットがあります．

■ バッテリ格納容器の工夫

鉛蓄電池を使った装置を組む場合，特に開放型バッテリを使う場合には転倒しないようにする必要があります．

筆者の場合，密閉型のプラスティックのコンテナ（**写真4-2-12**）を使い，ゴム・パッキンの付いたフタの中央に穴をあけ，単純に倒れただけでは電解液が流れ出ないようにしています．

シールド・バッテリも自作の箱に入れ，持ち運びがしやすいようにしています．万が一，落とすなどしても，バッテリを割ってしまい電解液が飛び散る事故は防げます．

バッテリの中に入っている液体（電解液）は希硫酸です．皮膚に付くとやけど，目に入れば失明の恐れがあります．金属に付くと腐食し，衣服などは穴があいたり変色します．取り扱いには十分注意してください．

■ 端子と配線の処理

バッテリへの配線は，カー用品店で売られているバッテリ専用のターミナル金具や端子カバー（**写真4-2-13**）を使って，しっかりと取り付けます．圧着端子（**写真4-2-14**）も使ってください．そのうえでヒューズ（**写真4-2-15**）やブレーカはバッテリの＋端子にできるかぎり近い位置に取り付けます．

バッテリは乾電池と異なり，大きな電流を瞬時に供給できる能力を持っています．配線の短絡などは非常に危険で，火災の原因となります．スパナでターミナルを短絡させてしまい，スパナが融

写真 4-2-11　自動車用バッテリ
密閉型と開放型があるり電界液を入れるキャップが複数あるのが開放型

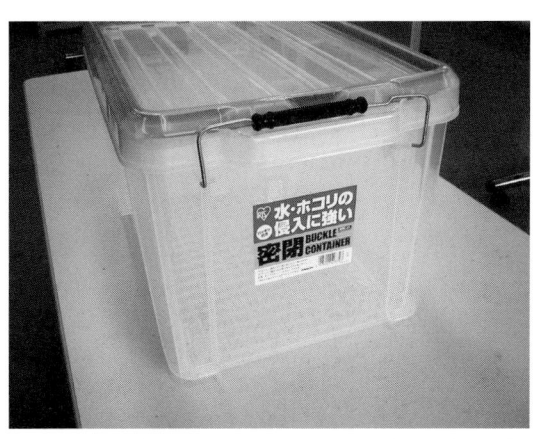

写真 4-2-12　車内にバッテリを置く場合に便利な密閉型収納容器の例

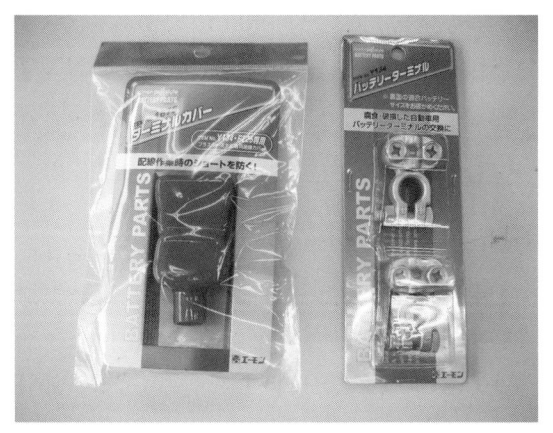

写真 4-2-13　カー用品店で売られているバッテリ端子用カバー（左）とバッテリ端子
バッテリ端子の規格（サイズ）は国産車用だと2種類ある

写真 4-2-15　比較的大きな電流を扱える平型ヒューズとホルダ
これらも，カー用品店で購入

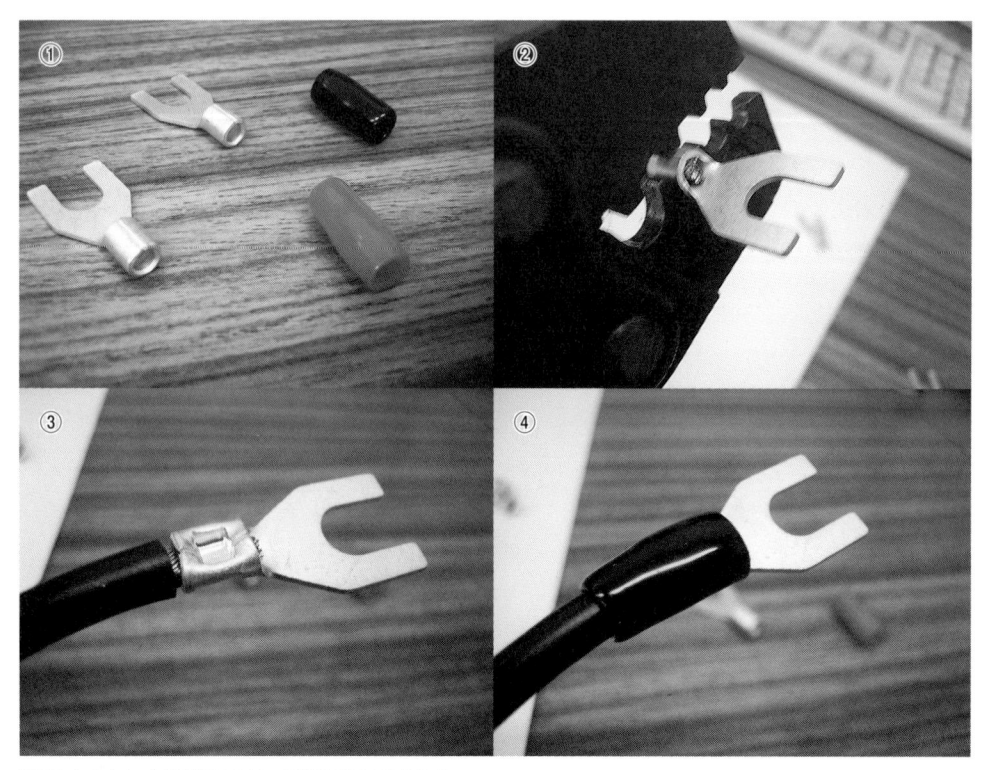

写真 4-2-14　圧着端子をリード線に付けるようす
①～④の手順で電工ペンチでかしめ，カバーをつけて完成

134　移動運用をもっと楽しむための製作集

Chapter 04　車を有効に使うための製作集

けたという話も耳にするほどです．

　筆者はロボット競技などで高容量の電池を使った経験から，缶スプレー型の消火器（不活性ガス使用）を移動運用に携行し万全を期しています．

■ 充電時に発生するガスに注意

　鉛蓄電池を充電中は，電解液の水を電気分解して水素と酸素が発生します．鉛蓄電池は鉛，酸化鉛の二つの電極が硫酸鉛に変化することで，電気エネルギーを取り出します．充電時には，電気エネルギーが硫酸鉛を分解し鉛と酸化鉛の電極に戻します．このとき，硫酸鉛を分解できない電気エネルギーは，水を電気分解し水素と酸素を発生させます．

　密閉型のバッテリは，このガスを触媒で反応させ水に戻します．すべては化学変化ですから，それなりに時間がかかります．

　規定以上の電流を流し，この触媒での反応が追いつかなくなると内圧が上がり危険です．安全弁が開き破裂・爆発は避けられるように設計されていますが，バッテリへのダメージはかなりのものになります．

　開放型であれば容器の外へ放出し，失った水は後から補充するため，急速充電もある程度までだいじょうぶです．

　水素も酸素も匂いはなく，無色透明の気体です．気がつかないうちに車内や部屋に水素ガスが溜まっていると爆発の危険があります．

　水素は軽いので，バッテリ本体をもし箱などに格納した場合は，容器の上部に通気口を設けるようにします．非常用に物置などに設置した場合は物置上部に通風口を設けるとよいと思います．

　いずれのバッテリを使うにせよ，充電電流と換気に気を配ってください．電解液なども定期的な点検を行ってください．必要以上に水素ガスや電解液の希硫酸を恐れる必要はありませんが，油断は大敵です．

■ 使い古しのバッテリはお勧めできない

　使い古しの車用のバッテリを使用する際は注意してください．中にはプラグ・液栓が詰まっていたり，ガスの発生が多いものがあるかもしれません．過酷なエンジン・ルームの中で酷使されてきたものですから，お勧めできないというのが正直なところです．

■ 最後に

　短時間の車での移動運用には非常に便利なサブバッテリ・システムです．車載用としてではなくシャックに一つ組んでおけば非常時の無線システムの電源としても活用できます．

　車とシャックと二つあればバックアップ体制は万全．貴局のシャックにいかがでしょうか？ もちろん，非常用としての出番がないに越したことはありませんが．

　　〈7M1RUL　利根川 恵二　とねがわ けいじ〉

■ 参考文献 ■

(1) 特集移動運用設備の構築と工夫，CQ ham radio 2011年7月号，CQ出版社．

4-3 電源強化安定化装置の製作
車の省エネとノイズの軽減が期待できる

車での移動運用に役立つ機器を製作します．製作するのは，車のバッテリからの電源を強化して，パワーや燃費の向上を目指そうという機器です．これには，ノイズ低減にも効果があるとのことなので，作って見る価値はおおいにありそうです．

■ 電気系のチューニング・パーツ

カーショップで売られている省エネグッズの一つに，バッテリに接続するものがあります．これ

表 4-3-1 使用する部品

品　名	個　数
電解コンデンサ 470μF，1000μF，2200μF，4700μF	各1
ユニバーサル基板	1
陸式端子（赤/黒）	各1個
電源用コード	必要なだけ
圧着端子	2
ヒューズ・ホルダ	1
ガラス・ヒューズ 25A	1
2極カプラ	1
プラスチック・ケース	1

写真 4-3-1　使用する部品

は，電装品や点火系への供給電圧を安定させて，車両が本来持っている能力を引き出すことができるチューニング・パーツだそうです．このパーツには，カー・オーディオやラジオのノイズを低減できる効果もあるとのことなので，モービル運用や車で移動運用に出かける方には，一石二鳥ではないかと思います．

この製品をインターネット検索で調べてみたところ，中身は電解コンデンサでバッテリに補助的に取り付けるとありました．回路はとても単純なので，早速製作してみることにしました．

■ 用意するもの

用意する部品は**表 4-3-1** のとおりです．**写真 4-3-1** も併せて確認してください．インターネットの情報では，使用する電解コンデンサは温度範囲が 105℃のものとなっています．高温になるエンジン・ルームに設置することを考慮してのことだと思いますが，容量が大きな 105℃のコンデンサは，パーツ・ショップではなかなか見つかりません．そこで，室内に取り付けることを前提にして，パーツ・ショップでも手に入りやすい温度範囲が 85℃のものを準備しました．コンデンサは，秋葉原の千石電商で購入しました．

すべてのパーツを集めても，1,000 円でお釣りがくると思います．しかし，これだけのコンデンサを使用している市販品だと，販売価格は 2 万円は下らないでしょう．市販品の筐体はものすごく立派に作ってあります．化粧品と同じですね，hi．

■ 製作してみよう

本機の回路図を**図 4-3-1** に示します．このとおり作ればいいので，極めて簡単です．製作方法は**写真 4-3-2** に示します．完成した本機は**写真 4-3-3** のようになります．今回はシングルでの作り方を紹介していますが，同じものを 2 個つなげたダブルのほうがより高い効果がありそうです．

車で使用するため，振動を考慮してはんだ付けはすべて確実に行ってください．ネジ部には接着剤の使用をお勧めします．

本機をプラスチック・ケースに収めると完成です（**写真 4-3-4**）．

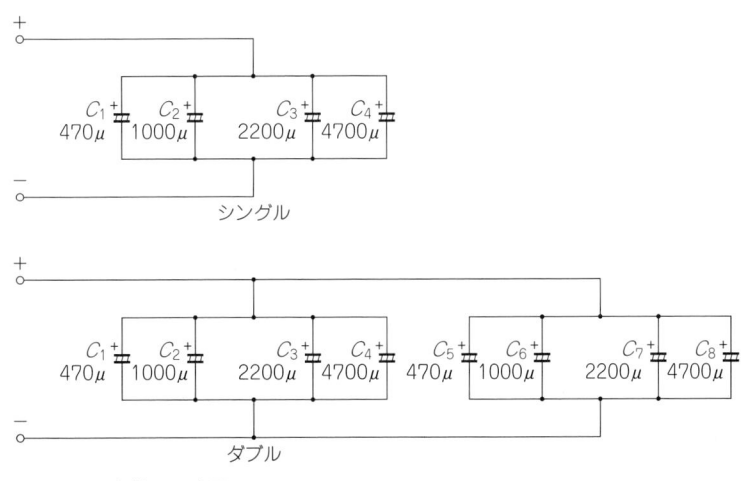

図 4-3-1　本機の回路図

写真 4-3-2　シングル版の製作手順
① 基板に部品を並べてレイアウトを決める
② 基板に陸式端子をつける穴をあける
③ コンデンサの足をそのまま配線に使う
④ 組み上がった基板

■ 使ってみての感想
　使用結果（感想）です．
① **無線機，ラジオなどのノイズが減少**
　コンデンサの種類が電気ノイズの各波長に対応しているのでしょうか．
② **走行フィーリングの向上**
　低回転のトルクがアップし，高回転側は伸びていくような気がします．燃費も多少アップするかもしれません．

　無線機のすぐ近くに設置すると，ノイズ低減の効果が高まるようです．無線機の電源ラインを二つに分けて片方にこのパーツをつなぎました．電源ラインを分けられない方は，シガー・プラグに差し込めるようにプラグを換えてもよいと思います．

■ **古い車にお勧め**
　このパーツの原理は，急激（脈流など）に必要な電気をコンデンサが補うものと考えられます．

Chapter 04　車を有効に使うための製作集

写真 4-3-3　配線用コードを取り付けてひとまず完成

写真 4-3-4　100円ショップで購入したプラスチック・ケースに収めた

点火プラグの発火サイクルも早いのですが，ある程度補うのでしょう．

アマチュア無線家にとっては簡単なので，興味がある方は，ぜひお試しください．ただ，最新の車両やハイブリッド車などの大容量のバッテリ搭載では，効果はないかもしれません．古い車のほうが，効果が現れやすいと思います．

最後に，このパーツは電源ラインに設置するので危険を伴います．設置方法を誤ると発火事故につながる恐れもあります．内容を十分理解したうえで，ご自身の責任の下で製作と設置をしてください．

〈JA1FLG　小野 眞裕　おの まさひろ〉

Column 04　移動運用専用ログシートの製作

　移動運用で使いやすいログシートの自作をしてみませんか．記入する項目の順番をアレンジして，自分なりに使いやすいログシートを作ってみましょう．ここではその一例を紹介します．マイクロソフト・エクセルなどの表計算ソフトウェアを利用して作りました．

　このログシートでは，交信を進める順番どおりに記入する枠を配置しています．常に左から右に動いていくので，記入時に無駄がありません．

　日付やバンド，モードは交信中には変わらないので，別枠に記入してもよいでしょう．

　このログシートを参考にして，ご自身でオリジナルのログを作ってみてください．

移動運用専用 LOGSEET

CALLSIGN _____

DATE _____　　運用地 _____　　JCC/JCG _____

#	CALLSIGN	TIME	HIS	MY	Name/QTH/etc …	QSL	MHz	MODE
1								
2								
3								
4								
5								
6								
7								
8								
9								
10								
11								
12								
13								
14								
15								
16								
17								
18								
19								
20								
21								
22								
23								
24								
25								
26								
27								
28								
29								
30								

MEMO

Index

■ 数字・アルファベット■

- 1：4 バラン ……………………………………… 79
- 3D-2V …………………………………………… 81
- 4 チャネル・メモリー・キーヤー ………………… 6
- 7MHz 用釣り竿アンテナ ………………………… 42
- CQ マシン ………………………………………… 19
- DC-DC コンバータ ……………………………… 102
- FCZ 研究所 ………………………………………… 86
- F 型コネクタ ……………………………………… 81
- H ヘンテナ ………………………………………… 79
- IC クリップ ……………………………………… 51
- LT1170 …………………………………………… 102
- L 字アングル ……………………………………… 89
- PIC16F88 …………………………………………… 7
- RG-58/U …………………………………………… 81
- SWR 計 …………………………………………… 64
- SWR メータ・キット …………………………… 32
- U バラン …………………………………………… 82
- V 型ダイポール …………………………………… 75

■ ア 行■

- アース・マット ……………………………… 43, 70
- アース・リード線 ………………………………… 72
- アンテナ・アナライザ …………………………… 52
- アンテナ・チューナ ……………………………… 57
- 異径ソケット ……………………………………… 44
- 移動運用専用ログシート ……………………… 140
- インダクタンスの計算 …………………………… 47

■ カ 行■

- カウンターポイズ ………………………………… 61
- カメラ用三脚アダプタ …………………………… 89
- キッチン・ガード ………………………………… 73
- 極性 ………………………………………………… 98
- グラスファイバ・ポール ………………………… 75
- 減電圧モード …………………………………… 102
- コイルのインダクタンス ………………………… 47
- コイルの巻き数と長さの計算 …………………… 48
- 小型シール鉛蓄電池 ……………………………… 92
- コンデンサの容量 ………………………………… 41

■ サ 行■

- サブ・バッテリ・システム …………………… 127
- 自在ブッシュ ……………………………………… 50
- 充電器 ……………………………………………… 93
- 充電器キット ……………………………………… 92
- 昇圧型電源 ……………………………………… 102
- センター・ローディング ………………………… 43
- 速度係数 …………………………………………… 82

■ タ 行■

- 超低頭ビス ………………………………………… 70
- ツール・クリッパー ……………………………… 91
- 釣り竿 ………………………………………… 42, 43
- 釣り竿ホイップ・アンテナ ……………………… 42
- 抵抗のカラー・コード …………………………… 41
- 定電圧充電 ………………………………………… 92
- デジタル電圧計 ………………………………… 111
- テレビ用アンテナ整合器 ………………………… 79
- 電圧計キット …………………………………… 111
- 電源強化安定化装置 …………………………… 136

■ ハ 行■

- パイプノット ……………………………………… 84
- バラン ……………………………………………… 76
- ハンディ機用変換ケーブル ……………………… 89
- ファストン端子 …………………………………… 51
- 部品の極性 ………………………………………… 41
- フローティング ………………………………… 101
- ベースローディング ……………………………… 42
- ヘンテナ …………………………………………… 86
- ホット・ボンド …………………………………… 91

■ マ 行■

- マグネット基台 …………………………………… 72
- メガネ・コア ……………………………………… 82
- メモリー・キーヤー ……………………………… 6
- モービル局の電源配線 ………………………… 120

■ ヤ行・ラ行・ワ行■

- 容量結合 …………………………………………… 70
- ローディング・コイル …………………………… 47
- ロング・ワイヤ・アンテナ ……………………… 61

筆者一覧（コールサイン順）
- JA1FLG　　小野 眞裕さん
- JF1GUP　　横沢 一男さん
- JI1JRE　　武藤 初美さん
- JI1SAI　　千野 誠司さん
- JJ1JWE　　神戸　稔さん
- 7M1RUL　　利根川 恵二さん
- JA3AAD　　渡辺 泰弘さん
- JH5MNL　　田中　宏さん

Special Thanks
- JA1HHF　　日高　弘さん
- JA3IAT　　又吉　昭さん

- ●**本書記載の社名，製品名について** ── 本書に記載されている社名および製品名は，一般に開発メーカの登録商標です．なお，本文中では™，®，©の各表示を明記していません．
- ●**本書掲載記事の利用についてのご注意** ── 本書掲載記事は著作権法により保護され，また産業財産権が確立されている場合があります．したがって，記事として掲載された技術情報をもとに製品化をするには，著作権者および産業財産権者の許可が必要です．また，掲載された技術情報を利用することにより発生した損害などに関して，CQ出版社および著作権者ならびに産業財産権者は責任を負いかねますのでご了承ください．
- ●**本書に関するご質問について** ── 文章，数式などの記述上の不明点についてのご質問は，必ず往復はがきか返信用封筒を同封した封書でお願いいたします．ご質問は著者に回送し直接回答していただきますので，多少時間がかかります．また，本書の記載範囲を越えるご質問には応じられませんので，ご了承ください．
- ●**本書の複製等について** ── 本書のコピー，スキャン，デジタル化等の無断複製は著作権法上での例外を除き禁じられています．本書を代行業者等の第三者に依頼してスキャンやデジタル化することは，たとえ個人や家庭内の利用でも認められておりません．

Ⓡ〈日本複製権センター委託出版物〉
本書の全部または一部を無断で複写複製（コピー）することは，著作権法上での例外を除き，禁じられています．本書からの複製を希望される場合は，日本複製権センター（TEL：03-3401-2382）にご連絡ください．

移動運用をもっと楽しむための製作集

2012年5月1日　初版発行　　　　　　　　　　　　　　　　　　　　© CQ出版株式会社 2012
　　　　　　　　　　　　　　　　　　　　　　　　　　　　　　　　　　（無断転載を禁じます）

CQ ham radio編集部　編
発行人　　小　澤　拓　治
発行所　　ＣＱ出版株式会社
〒170-8461　東京都豊島区巣鴨1-14-2
☎03-5395-2149（出版部）
☎03-5395-2141（販売部）
振替　00100-7-10665

乱丁，落丁本はお取り替えします
定価はカバーに表示してあります

ISBN978-4-7898-1593-2
Printed in Japan

編集担当者　沖田　康紀
本文デザイン　（株）コイグラフィー
DTP　（有）新生社
印刷・製本　三晃印刷（株）